智慧林业培训丛书

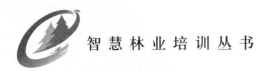
智慧林业培训丛书

GOVERNMENT WEBSITE
CONSTRUCTION

政府网站建设

李世东 ▣ 主编

中国林业出版社

图书在版编目（CIP）数据

政府网站建设/李世东等著 . —北京：中国林业出版社，2017.6
（智慧林业培训丛书）

ISBN 978-7-5038-9077-2

Ⅰ.①政…　Ⅱ.①李…　Ⅲ.①林业－国家行政机关－互联网络－网站建设－中国　Ⅳ.①TP393.409.2

中国版本图书馆 CIP 数据核字（2017）第 144535 号

中国林业出版社·生态保护出版中心

策划编辑：刘家岭
责任编辑：刘家玲　刘　慧

出版发行	中国林业出版社（100009　北京市西城区德内大街刘海胡同 7 号）
	E-mail：wildlife_ cfph@ 163. com　电话：（010）83143519
	http：//lycb. forestry. gov. cn
印　　刷	北京中科印刷有限公司
版　　次	2017 年 7 月第 1 版
印　　次	2017 年 7 月第 1 次印刷
开　　本	700mm×1000mm　1/16
印　　张	19.75
字　　数	280 千字
印　　数	1～3300 册
定　　价	60.00 元

《政府网站建设》
编委会

前言

当前，全球已进入信息时代，信息化的触角几乎延伸到方方面面，正深刻改变着我们的工作、学习和生活。提高领导干部的信息化水平，不仅是干部素质教育问题，更是一个牵动全局、影响深远的战略问题。

为深入贯彻落实《"十三五"林业信息化培训方案》要求，形成系统化、常态化的培训机制，强化人才培养和实践锻炼，切实加强领导干部对信息化的认知水平和应用能力，加快建设一支素质过硬的林业信息化人才队伍，满足林业发展和信息化建设的需要，全国林业信息化领导小组办公室结合林业信息化建设和发展实际，本着立足当前、着眼长远、瞄准前沿、务求实用的原则，组织编写了智慧林业培训丛书。

本套丛书包括《智慧林业概论》、《政府网站建设》、《网络安全运维》、《信息项目建设》、《信息标准合作》、《信息基础知识》共6部，以林业信息化业务工作为载体，针对信息化管理和专业岗位需要，以应知应会、实战技能为重点，涵盖了林业信息化顶层设计、网站建设、安全运维、项目建设、技术标准与培训合作、信息化基础知识等多方面内容。丛书内容通俗易懂、信息量大、专业性强，侧重林业信息化管理中的新技术运用和建设中的系统解决方案，具有很强的指导性和实践性。

丛书具有以下三个特点：一是针对岗位需求。根据岗位技能需要确定必备的专业知识，并按照不同类别、不同角度设计培训教材内容和侧重点。二是结合实际工作。立足于行业和地方实际，内容难易适度，具有很强的实用性和操作性，易懂易记。三是形式结构灵活。既重视林业信息化培训的科学性，又适应干部学习的特点，图文并茂，案例经典。

丛书汇集了近年来全国林业信息化建设积累的丰富实践经验和先进实用技术，既可用于林业信息化管理人员、专业技术人员的培训教材，也可作为各级领导干部和综合管理干部学习信息化知识、提升综合素质的重要参考，还可作为高等院校广大师生的教学参考书。

由于时间有限、经验不足，丛书欠缺和疏漏之处，恳请广大读者批评指正！

编委会
2017 年 3 月

目　录

第一章
政府网站概述

政府网站是政府信息化和电子政务发展到一定时期的必然产物，是政府信息发布的重要平台、提供在线服务的主要窗口、进行互动交流的重要渠道、推进数据开放的主要途径、传播特色文化的权威载体。发展政府网站，牢固树立以社会和公众为中心的理念，有利于促进政府及其部门依法行政，提高社会管理和公共服务水平，保障公众知情权、参与权和监督权，把政府网站真正办成政务公开的重要窗口和建成服务政府、效能政府的重要平台。

第一节　概念功能与特点

一、基本概念

（一）基本内涵

政府网站是指各级人民政府及其部门在互联网上建立的履行职能、面向社会提供服务的官方网站，是信息化条件下政府密切联系人民群众的重要桥梁，也是网络时代政府履行职责的重要平台。依托政府网站，政府可以超越时空界限，全方位地向公众提供规范统一、公开透

明的政府管理和服务。

相对于实体政府而言，政府网站是开放的虚拟政府。政府网站的建设与发展以政府信息公开、政府组织与流程的重组和再造为基础和前提，其核心内涵就是运用网络信息技术打破政府部门之间的实体组织界限、消除政府和公众之间的时空距离，实现政府的高效公开运作。一方面，通过政府网站，服务对象可直接获取所需信息、服务；另一方面，通过网站，政府与各类社会主体可进行直接的沟通交流，并根据公众的具体内容需求与形式需求提供相关服务。

（二）建设主体

履行国家行政职能的机关是政府网站的建设主体。因此，国家行政机关、由国家法律授权或行政机关委托行使行政管理职能的各类组织都是政府网站的建设主体。

（三）服务对象

政府网站是政府基于互联网提供各类服务的窗口，服务对象均可通过访问政府网站获取相关服务。通常来说，政府网站的服务对象包括一般公众、企事业单位和各类社会组织、政府机关与国际机构及其工作人员。

（四）种类划分

根据不同的标准，政府网站有不同的分类。根据建设主体之间的所属关系，政府网站可分为门户网站、部门网站；根据其主要功能，政府网站可分为政府信息公开型网站、政务服务型网站、特色专业型网站；根据政府行政层级，政府网站分为中央政府门户网站及其所属部门网站；省级政府门户网站及其所属部门网站，地(市)级政府门户网站及其所属部门网站，县(市)级政府门户网站及其所属部门网站。目前比较常用、公众也比较容易理解的分类方式是根据建设主体之间的所属关系进行的政府网站分类。

（五）门户网站

政府门户网站通常是由一级政府或行业主管部门建立起来的跨部

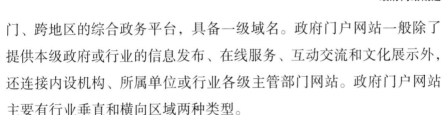

门、跨地区的综合政务平台，具备一级域名。政府门户网站一般除了提供本级政府或行业的信息发布、在线服务、互动交流和文化展示外，还连接内设机构、所属单位或行业各级主管部门网站。政府门户网站主要有行业垂直和横向区域两种类型。

行业垂直类政府门户网站是指某一行业由国务院部门垂直管理或者业务指导，由国务院主管部门建设该行业政府门户网站，提供政务服务。同时，提供所属部门(下级政府)或下属机构的名称与网址，门户网站并不直接处理各部门或下属机构的业务，而是一个连接所有部门网站或下属机构网站前台的搜索引擎，使公众能迅速便捷地找到所需网站。

横向区域类政府门户网站是指某一级人民政府网站(县级以上)，不仅提供所属部门或下属机构的名称与网址，同时还具有业务处理功能。这种模式中又有两种表现形式：其一，只受理需要所属部门或下属机构联合办理的业务，其他各部门的业务要到各部门网站中自行办理。其二，通过门户网站直接进入业务办理程序，公众不必知道需与哪个部门或机构打交道，这是目前政府门户网站较为理想的工作状态，也是政府"一站式"服务的虚拟形式。

(六)部门网站

相对于政府门户网站而言，是政府所属部门或下级政府建立或拥有的网站，一般拥有基于主站一级域名的二级域名，少数有一级域名。部门网站(子站)的基本特点是重点提供与本部门或本级政府有关的信息，仅处理部门或本级政府职权范围内的业务，最终实现政府业务"一站式"服务。同时，与上级门户网站连接关系有两种：一种是直接在上级门户网站统一平台建设的，直接以二级域名连接，此类网站为部门网站(子站)主要存在形式。另一种是单独建设网站，拥有独立域名，直接连接在门户网站上。但是按照政府网站集约性建设要求，这种链接呈现出逐渐减少态势。

二、主要功能

政府网站的功能主要有信息公开、在线办事、互动交流、数据开放、文化传播等，其中"信息公开、在线办事和互动交流"是我国政府网站服务功能构成的基本要素。这三大功能既是一切政府网站工作的出发点和落脚点，也是我国政府网站建设的基本要求和评价政府绩效的理论基础。

（一）信息公开功能

政府掌握着大量的有价值的信息资源，也承担着信息资源的宏观管理职能和具体服务任务，有责任有义务实时发布必要信息，以满足社会公众的知情权，更好地为社会公众服务。有鉴于此，信息发布功能以政府主动公开信息为主要模式，相应设置本地概况、机构职责、法律法规、政务动态、政务公开、政府建设、专题专栏、政策解读、公益信息等栏目。这些栏目可进一步细化，如政务公开可划分为政府信息公开目录、政府信息公开指南、政府文件、政府公报、政府会议、政府公告、领导指示、统计信息、政府采购、依申请公开等子栏目。

（二）在线办事功能

在线办事是门户网站最重要的功能，也是推行电子政务的根本目的所在。在传统的政府治理模式下，社会公众对政府提供的公共服务常常处于一种被动状态，根本没有选择余地，而门户网站建设可从根本上扭转这种局面。政府门户网站面向公众开展在线办事，经历了从初级、中级再到高级三个阶段。这与政府职能转变的程度、各职能部门信息化的水平、门户网站办事平台的能力等息息相关。在初级阶段，政府机关一般从办事指南入手，将办事内容、依据、要求、流程以及需要注意的问题等对外发布。在中级阶段，政府机关一般是将用户需要填写的表格放到网上，用户将表格下载后填写好，再带着打印好的表格到有关部门办理。在高级阶段，用户进入门户网站后，可以直接在网上填写表格，提出申请，提交相关材料并上传到指定地址，相关部门在规定期限内将办理结果按照用户选择的方式在网上公布或以电子邮件形式回复给用户。由于用户提交的数据直接以数字形式进入政府机关的办公网络，所以，数据可为政府多个部门和工作人员所共享。如果所办理事项涉及多个政府部门，且工作不存在因果关系，还可并行处理。这样既缩短了办事时限，也可减少部门间扯皮现象发生，有助于政府的廉政建设。只有真正实现了在线办事的政府才能称得上是实现了电子政务，也只有提供了在线办事功能的门户网站才能算得上实现了政府与公众的实时互动。

（三）互动交流功能

门户网站不仅是反映社情民意的平台，也是公众建言献策的窗口和民主参政的渠道。政府应将互动交流功能作为网站建设的重点内容予以强化，可以相应设置网上信访、首长信箱、网上听证、网上举报、网上调查、建议提案、民意征集、政务论坛等专题栏目，以充分发挥网络的潜力和优势，强化网上监督功能，进一步扩大网上公众参与的范围，推进社会民主化进程。这样既有利于公众监督政府行为，又有利于培养公众的主人翁意识和参与热情，能帮助政府提高工作的科学性。同时，对于公众通过政府网站参与的任何形式的活动，政府都应建立相应的工作机制，及时做出回应或解答，以促进公民参与功能的健康发展。

（四）数据开放功能

国务院印发的《促进大数据发展行动纲要》中明确提出，在开放前提下加强安全和隐私保护，在数据开放的思路上增量先行，要求在2018年底前建成国家统一的数据开放平台。政府网站作为各级政府的网上门户，也是数据开放平台。各级政府及其部门基于自身业务职能和数据特点，按照主题、格式、区域等维度，在依法加强安全保障和隐私保护的前提下，稳步推进公共数据资源开放，向社会公众提供数据服务。

（五）文化传播功能

文化的传承不仅要公众参与，更多的时候需要政府引导和传播。政府网站作为官方门户，除了具备基本的"信息发布、在线办事、互动交流"功能以外，还应作为展示该国、区域或者行业特色典型文化的窗口。网络传播聚合了报纸、电视、广播等传统大众媒体的所有传播功能，并基于强大的数字化技术实现了很多传统媒体所无法完成的传播功能，政府网站应利用这种天然优势，传递文化信息、传播特色文化、传承文化精神。文化展示内容应当选取最具代表性的内容优先展示，如人文、风俗、特色文化、文艺作品等，让公众能够在最短时间内简要了解到当地的特色文化。

三、主要特点

政府网站是各级政府及其所属机构电子政务建设的重要组成部分，是体现政府形象、实现政府职能转变的有效途径。与综合网站、企事业单位的网站相比，主要有以下几个方面的特点。

（一）突出职能属性

1. 政府网站是政务公开的平台。政府网站作为政府在互联网上的门户，其基本功能就是围绕政府的职能与职责，进行信息公开、办事公开、决策与互动公开。因此，公开透明地履行其职责是政府网站的主体内容。政府网站被称为"不下班的政府"或者24小时的在线政府。政府网站的信息公开内容基本上以职能范围为界，这一特征在政府部门网站建设方面尤为明显。

2. 在线办理是政府网站的建设内容与发展重点。实现政府管理与服务上网，发展网上办事，是政府网站建设与发展的重点。政府网站建设的最高境界就是建立无缝隙的"一站式"虚拟政府，这也是政府网站最初建立的动机与发展的推动力量。政府网站不仅仅是政府的"宣传栏"或"网上名片"，而是政府办事的重要平台。

（二）突出政府门户特征

1. 网站基本功能构建体现政府网站特征。一是网站域名。政府网站域名与其他商业网站不同，采用"gov. cn"的形式。二是页面分区。有别于其他网站，政府网站一般都会设置信息公开、在线服务、互动交流等板块，便于公众获取相关服务。如中国林业网设置了走进林业、信息发布、在线服务、互动交流、专题文化等板块（图1-1）。

图1-1　中国林业网首页

2. 页面设计充分体现政府网站特点。一是平实可靠。政府网站不像商务网站或者媒体门户网站那么绚丽，设计以简洁大方为主，突出政府的亲和力和权威性。二是实用有效。政府网站不像商务网站或者媒体门户网站形式那么多变，注重安全保障和高效服务。

（三）突出服务对象

1. 关注对象的服务需求。一是建立多样化的公众与服务对象信息互动渠道。各国政府网站建设都比较注重互动方式建设，我国大多数政府网站不仅提供了联系电话、邮箱等政府部门的联系方式，还有领导信箱、网上论坛、网上调查等多种互动交流的渠道。二是在丰富网站内容的基础上，设置服务对象最想了解的事项专区或热点专区。三是将公众关注的内容放置在页面最醒目位置。

2. 关注政府网站与实体政府的一致性。一是信息组织尊重公众的思维逻辑，我国大部门政府网站采取的都是首先按主题或业务分类展示信息的组织模式。二是导航清晰且尽量避免信息展示路径过长。三是更为重视标识体系建设，强调语词、图标等标识与公众认知体系的一致性，避免信息误读和无效。四是提供多种便捷的搜索手段，提高网站的自助服务程度。

第二节　目标理论与技术

一、基本目标

(一)智慧化

1. 智慧政府门户的内涵与特征。"智慧"代表着对事物能迅速、灵活、正确地理解和处理的能力。智慧政府门户以用户需求为导向，通过实时透彻感知用户需求，快速作出反应，及时改进服务短板，主动为公众和企业提供便捷、精准、高效的服务，提升政府网上公共服务的能力和水平。其内涵包括下述四个方面：

智慧政府门户的基础是大数据应用。对政府公共服务而言，大数据之"大"，不仅仅在于其容量之大、类型之多，更为重要的意义在于用数据创造更大的公共价值，通过对海量访问数据的深度挖掘与多维剖析，使政府网上公共服务供给更加准确、便捷，更加贴近公众需求，从而使政府网上服务能力得到有效提升，形成政民融合、互动的互联网治理新格局。

智慧政府门户的服务模式是以用户需求为导向的。政府网站是服务社会公众的重要平台，用户需求是网站服务供给的基本指向，智慧政府门户弥补了传统"供给导向"服务模式的弊端，开启"需求导向"的服务新模式（图1-2）。

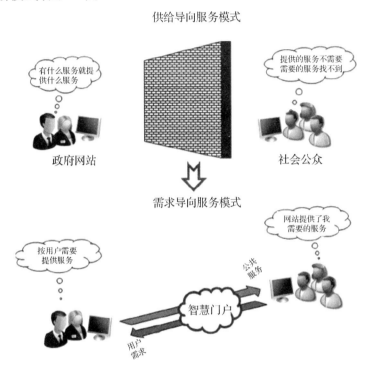

图1-2　政府网站服务模式转变示意

智慧政府门户的核心是感知与响应。智慧政府门户与传统政府网站的根本区别就在于能够全面感知用户的多样化需求，并在了解需求的基础上作出针对性响应，实现供需之间的良性互动。这种感知有两个特点：一是基于实时数据分析，把以往的事后响应变成事中响应和事前预测，实现对网民需求的实时感知和提前预判；二是通过对网民需求的多维度、多层次细分，把从面上的需求判断变为对需求细节的感知，从而确保提供的政府网上服务更加精准、更具个性化。

智慧政府门户的根本目的是提高政府利用互联网治理社会的能力，构建互联网"善治"的新格局。通过智慧政府门户建设为公众提供更权

威、丰富、易获取的权威信息，促进政府运行的法治化和透明化；通过为公众提供更优质、高效、个性化的公共服务，提升政府对公众需求的响应性和包容性；通过透彻感知互联网上发生的各类公共事件和公众诉求，及时作出响应和处理，体现政府治理的公众参与性和责任性，从而便于达成共识，获取更多公民的支持。

基于以上阐述，智慧政府门户应具备如下基本特征：一是实时透彻的需求感知，智慧政府门户能够实时、全面感知和预测公众所需的各类服务和信息，及时发现需求热点；二是快速持续的服务改进，智慧政府门户能够根据用户需求和实际体验准确定位服务短板，坚持"以用户为中心"改进网站服务；三是精准智能的服务供给，智慧政府门户能够根据用户需求精准推送服务，为用户提供更加智能化的办事、便民服务。

2. 中国林业网智慧化建设思路与内容。中国林业网将综合运用大数据、云计算、物联网、移动互联网等新技术，建成集智慧感知、智慧建站、智慧推送、智慧测评和智慧决策于一体的智慧化发展体系。一是智慧感知。基于中国林业云平台，构建覆盖中国林业网站群主要站点、林业行业领域信息资源以及搜索引擎、微博、论坛、林业相关教育科研网站、国际组织等的数据资源库，建立技术分析、决策分析和在线服务分析等模块，开展网站数据的深入挖掘，为智慧建站、智慧决策、智能服务等提供支撑。二是智慧建站。基于互联网涉林数据的挖掘结果，对中国林业网站群的服务体系进行智慧化提升，包括对前台网站页面和后台模块优化，不断提升网站群智慧建站的规范化、科学化水平。三是智慧推送。在智慧建站的基础上，面向搜索引擎、社交媒体、主流新闻网站、海外用户等互联网信息传播主渠道，开展多种形式的网站信息资源可见性优化，扩大中国林业网互联网影响力。四是智慧测评。进一步完善网站评估指标和评估方式，建设中国林业网站群运行绩效综合监管平台，实现中国林业网各子站运行数据按天收集，并自动按照设定的网站评估指标进行评估。五是智慧决策。建设中国林业网智慧决策系统，围绕林业重点业务和林业热点事件，提供社会关注点分析、舆情趋势预测，为行业管理和领导决策提供参考（图1-3）。

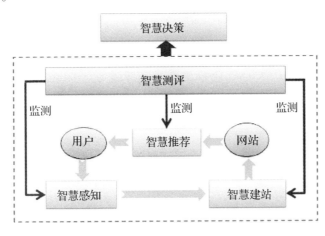

图1-3 智慧政府门户的建设框架

（二）集约化

1. 集约化政府网站。集约化政府网站是指基于顶层设计的，技术统一，功能统一，结构统一，资源向上归集的一站式、面向多服务对象、多渠道（PC网站、移动客户端、微信、微博）、多层级、多部门政府网站集群平台，由多个构建在同一数据体系上的网站群构成。

2. 集约化政府网站与政府网站群。政府网站群是指统一部署，统一标准，建立在统一技术构架基础之上，信息可以实现基于特定权限共享呈送的"一群网站"，即对政府网站进行集中管理，形成"数据大集中"，有利于资源的整合和统一调配。各子网站可以在远程独立地维护各自的网站，并且拥有独立的域名。各部门网站的信息可以互相共享呈送，实现网站群体系内的数据协同维护。

集约化政府网站是政府网站群建设的高级阶段，是政府网站群建设"质"的飞跃。它更注重顶层设计、资源目录规范、服务框架建设、数据挖掘和数据归集的展现路径设计。

3. 集约化政府网站的特点。一是整合更加彻底全面。服务对象更多,服务内容更全面,各种应用集成实现无缝对接,应用系统间的整合应该是完全基于用户层和数据层的整合。二是发布渠道更加顺畅。作为服务公众的平台,需要为公众提供多屏(PC 多浏览器兼容、iOS智能终端、安卓智能终端)、多渠道(Web、微博、微信)的访问方式。整个系统的开发设计应当基于 HTML5 内核,在规划设计上要考虑 PC宽窄屏兼容、手机大小屏兼容及多终端兼容等,支持多屏的一体化展现发布。另外,站群内容管理平台应与微博、微信等移动终端发布工具打通,可实现统一平台的多渠道发布。三是顶层架构规划更加完善。要求系统容错性强,兼容性好。集群化建设,体系庞大,矩阵结构复杂。在进行集约化实施过程中,调整和修改往往会牵一发而动全身,因此要对规模化网站体系结构有明确的规划,形成规范的网站架构图谱,方便进行批量增加、修改和删除。

(三)服务化

服务型政府是指一种在公民本位、社会本位、权利本位理念指导下,在整个社会民主秩序的框架下,通过法定程序,按照公民意志组建起来,以全心全意为人民服务为宗旨,实现着服务职能并承担着服务责任的政府。

建设服务型政府门户网站,需要充分利用新一代信息技术,不断创新服务理念和技术应用,整合各类服务资源,实现个性化服务。一是打造个人页面。依托用户访问信息分析,根据网站用户所处的区域、所关心的内容,按照用户个人需求和兴趣,自动推送网站信息,切实做到"一切以用户为中心",想用户之所需,供用户之所需,让用户在简单浏览中可以解决实际问题。二是设置特色栏目。从公众需求角度梳理整合各类业务资源,制定在线办事目录体系,整合搜索引擎、社交媒体和主流论坛的互联网用户需求信息,发布林木种苗市场供求信息,展现森林公园、自然保护区等旅游特色信息,提供主要树种和珍稀动物的公益服务信息，为林业企业和个人提供市场动态信息，辅助出行和交易决策。三是主动推送服务。未来政府网站将逐步从互联网发展到移动互联网，用户将主要从智能手机、智能平板、智能手表等移动终端获取政府信息和享受在线服务。政府网站需要不断拓展服务形式和服务渠道，主动向用户智能终端推送相关数据，让用户了解信息和享受政务服务变得更加简便。

二、基本理论

熟悉行业中的经典定律，有助于更好地了解现状和获悉发展趋势。同样，对于政府网站建设，这些经典定律也能给予启示，诸如3秒钟定律、3次点击定律、达维多定律等，从网站的页面设计、内容建设等方面，展示出了核心定律的重要性和决定性。

(一)3秒钟定律

随着现代生活节奏的加快，网页间的切换速度也越来越快。所谓"3秒钟定律"，就是要在极短的时间内展示重要信息，给用户留下深刻的第一印象。当然，这里的3秒只是一个象征意义上的快速浏览表述，在实际浏览网页的时候，并非真的严格遵守3秒。研究结果表明，在一般的新闻网站，用户关注的是最中间靠上的内容，可以用一个字母"F"表示，这种基于"F"图案的浏览行为有3个特征：首先，用户会在内容区的上部进行横向浏览。其次，用户视线下移一段距离后在小范围再次横向浏览。最后，用户在内容区的左侧做快速纵向浏览。遵循这个"F"形字母，网站设计者应该把最重要的信息放在这个区域，才能给访问者在3秒钟的极短时间内留下更加鲜明的第一印象。因此，在网站设计时注意把重要内容放在这些重要区域。

(二)3次点击定律

根据这个原则，如果用户在3次点击之后，仍然无法找到信息和完成网站功能时，用户就会放弃现在的网站。因此，网站建设应有明确的导航、逻辑架构。导航要简单明了，网站结构也不要太复杂，可以让用户随意浏览不会迷路，最好3次点击就可以找到需要的内容。

(三)7+2定律

根据乔治·米勒的研究，人类短期记忆一般一次只能记住5~9个事物。7+2原则，即由于人类大脑处理信息的能力有限，它会将复杂信息划分成块和小的单元。这一事实经常被用来作为限制导航菜单选项到7个的论据。这对于页面布局具有参考意义。避免喧宾夺主，将页面需要完成的主题功能，放在页面首要主题位置。对于那些有必要但不是必需的功能，应尽量避免强行抢占主体位置，以避免影响用户最常用、最熟悉功能的使用。一个页面的信息量应恰到好处，在提供给用户阅读的区域，尽量不要超出其承载量。

(四)达维多定律

达维多定律是由曾任职于英特尔公司高级行销主管和副总裁威廉·H·达维多(William H. Davidow)提出并以其名字命名的。定律内容：达维多(Davidow，1992年)认为，任何企业在本产业中必须不断更新自己的产品。一家企业如果要在市场上占据主导地位，就必须第一个开发出新一代产品。只有不断创造新产品，及时淘汰老产品，使成功的新产品尽快进入市场，才能形成新的市场和产品标准，从而掌握制定游戏规则的权利。要做到这一点，其前提是要在技术上永远领先。对于网站来说，只能依靠创新所带来的短期优势来获得高额的"创新"利润，而不是试图维持原有的技术或产品优势，才能获得更大发展。

(五)色彩定律

美国流行色彩研究中心提出人在短暂的7秒钟之内就会对呈现在眼前的商品作出喜好的判断，色彩在第一印象中的影响因素达到67%。"7秒钟定律"成为色彩营销学重要理论研究依据。在网站界面设计中，如果色彩的选择和搭配恰到好处，可以在短时间内给新用户留下深刻的印象，会给设计带来意想不到的效果。

三、核心技术

随着政府网站的不断发展，公众对政府网站各方面的需求也是越来越多，应用最先进的建站技术无疑是解决这些需要的有效措施。近年来，随着计算机语言的应用，网站建设技术也在快速变化更迭，最新发布的互联网语言 Html5、广泛使用的全文检索技术、经久适用的 JSP 以及网络爬虫语言都为政府网站功能提升奠定了坚强的技术基础。

（一）Html5 技术

HTML5 是互联网的新一代标准，是构建以及呈现互联网内容的一种语言方式，被认为是互联网的核心技术之一。HTML 产生于 1990 年，1997 年 HTML4 成为互联网标准，并广泛应用于互联网应用的开发。HTML5 是 HTML 的第 5 个版本，也是最新的版本。

广义论及 HTML5 时，指的是包括 HTML、CSS 和 JavaScript 在内的一套技术组合。它希望能够减少浏览器对于需要插件的丰富性网络应用（plug – in – based Rich Internet Application，RIA）服务，如 Adobe Flash、Microsoft Silverlight 与 Oracle Java FX 的需求，并且能提供更多可以有效增强网络应用的标准集。

具体来说，HTML5 添加了许多新的语法特征，其中包括 < video >、< audio > 和 < canvas > 元素，并整合了 SVG 的内容，这些元素的添加使得在网页中添加和处理多媒体和图片内容更加容易；也有一些属性和元素被移除掉，如 < basefont >、< big >、< caption > 等；还有一些属性和元素被修改、重新定义或标准化，如 < a >、< cite > 和 < menu > 等。同时 API 和 DOM 已经成为 HTML5 中的基础部分。HTML5 还定义了处理非法文档的具体细节，使得所有浏览器和客户端程序能够一致地处理语法错误。总的来说，HTML5 简化了页面设计，促使了布局和样式的分离，降低了脚本的复杂度，减少了对插件的依赖性。

HTML5 的出现，有可能改变目前移动互联网应用 APP 为王的局面，大大促进 Web 应用的发展，并促进新的商业模式的出现。在国外，美国顶级通信运营商 AT&T 已经公布了面向 HTML5 应用的 AP 平台 API Catalog，包含 130 多种 API，被划分为 14 大类，提供一系列功能，包括 Ruby、PHP 和 Java 封装接口等。Facebook 已经推出了一个基于 HTML5 的手机应用程序发行平台，用网页浏览器取代手机操作系统，直接进行手机游戏及其他程序的运行。在国内，中国移动推出的 Noble Leader 应用开发平台，支持开发者通过 HTML5 进行应用的开发和服务编译，可适用于 iOS、Android、Windows Mobile、Symbian 等操作系统。

HTML5 标准由 W3C(万维网联盟) 的 HTML 工作组负责编写，参与组织众多，涵盖了终端厂商，如诺基亚、摩托罗拉、三星、苹果等；浏览器厂商，如 Opera、Mozilla、UC 等；通信运营商，如法国电信、SK 电信等；互联网服务提供商，如谷歌、百度、腾讯等；操作系统厂商，如微软以及应用提供商等。HTML5 草案的前身为 Web Applications 1.0，于 2004 年由 WHATWG 提出，于 2007 年获 W3C 接纳，并成立了新的 HTML 工作团队。2008 年 1 月 22 日，第一份正式草案发布；2011 年 5 月，HTML5 最终版工作草稿发布。2014 年 10 月 28 日，W3C 的 HTML 工作组正式发布了 HTML5 的正式推荐标准(W3C Recommendation)。

(二)全文检索技术

随着计算机技术的发展，计算机辅助检索也存在着一个发展过程，由检索结果来看，从提供目录、文摘等相关的二次信息检索到可以直接获得电子版的全文；由检索方法来看，从对特定关键词或者如作者、机构等辅助信息作为检索入口的常规检索到以原始文献中任意词检索的全文检索等等。其中，全文检索由于其包含信息的原始性、信息检索的彻底性、所用检索语言的自然性等特点在近年来发展迅速，成为一种非常有效的信息检索技术。

全文检索技术是一种面向全文、提供全文的新型检索技术，首先计算机索引程序通过扫描文章中的每一个词，对全文建立一个能精确定位每个字词的索引，这点克服了传统顺序索引在多文献集合和复杂查询条件下检索效率低的不足。当用户查询时，检索程序就根据事先建立好的索引进行查找，并将查找的结果反馈给用户。

一般来说，全文检索系统需要具备建立索引和提供查询这两项基本功能。功能上，全文检索系统核心具有建立索引、增加索引、优化索引、处理查询返回结果集等功能。结构上，全文检索系统核心具有索引引擎、查询引擎、文本分析引擎、对外接口，加上各种外围应用系统等共同构成了全文检索系统。全文检索系统中最核心、最关键的部分是全文检索引擎部分，这部分从功能模块上可以划分为文本分析模块、创建索引模块、查询索引模块。索引的准备工作和搜索的应用都是建立在这个引擎之上。由此可见，一个全文检索应用的优异程度，根本上是由全文检索引擎来决定。因此提升全文检索引擎的效率即是提升全文检索应用效率的根本。另一个方面，一个优异的全文检索引擎，在做到效率优化的同时，还需要具有开放的体系结构，以方便管理员对整个系统进行优化，或者是添加原有系统没有的功能。比如在现代多语言的环境下，有时需要给全文检索系统新添加处理某种语言或者处理某种格式文档的功能，比如支持日文处理的功能，支持对Office文档处理的功能（图1-4）。

（三）JSP 技术

JSP 技术，即 Java Server Pages，是由许多家公司一起建立的一种动态的网页技术标准。它使用脚本语言是应用非常广泛的 Java 语言，JSP 网页提供了一个接口，来让整个服务器端的 Java 库单元为 HTTP 应用程序服务。

JSP 的运行原理首先是 JSP 获得来自客户端浏览器的请求，然后

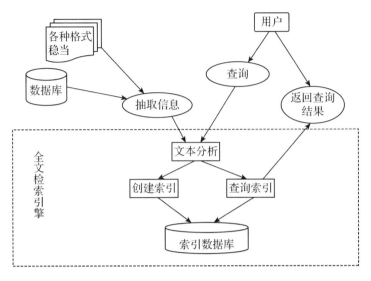

图1-4　全文检索系统结构

JSP engine 会将 JSP 文件转换为一个 Servlet，也就是将其编译，生成 Java class 文件。如果在编译时发现存在语法错误则终止转化过程，同时发出出错信息传给客户端。若编译成功，则再交给 Servlet engine，运行编译成功后的代码。

如果 Servlet engine 接到请求并检查 JSP 文件在上次编译后是否有过修改时，发现被修改过，则需要重新进行编译，然后再将编译好的代码交给 Servlet engine 并运行。如果未发现被修改，则 JSP engine 会将其加载至内存。在 Servlet 的生命周期中，jspInit（ ）方法只可能被执行一次来处理客户的请求和回复操作。而随后产生的对该 JSP 文件的请求，服务器会继续检查是否被修改。如果修改过，则将请求交给 jspService（ ）方法，由内存中的 Servlet 执行回复操作。

当每一个请求来临，JSP engine 都会新建一个线程对其进行处理。当遇到多个用户同时请求服务时，则 JSP engine 就新建多个线程来响应客户端的请求。这样，不仅可以提高系统的并发量和响应速度，还可以降低对系统的资源需求。在响应速度方面，Servlet 永驻内存使得响应速度特别快。当第一次调用和转换时，编译会有些延迟，但是总体来说，JSP 效率还是很高。当系统资源不足或者其他原因，JSP en-gine 也可能用某种方式将 Servlet 移出内存。当这种情况发生的时候，首先调用的是 jspDestory（ ）方法，将 Servlet 实例标记移出并加入垃圾处理。

（四）网络爬虫技术

网络爬虫是一个自动提取网页的程序，它为搜索引擎从万维网上下载网页，是搜索引擎的重要组成。它常常是一个计算机程序，日夜不停地运行。它要尽可能多、尽可能快地搜集各种类型的新信息，同时因为互联网上信息更新很快，所以还要定期访问已经搜集过的旧信息，以避免死链接和无效链接。由于互联网中存在海量信息而且复杂多变，Web 爬行器的实现常常采用分布式、并行计算技术，以提高信息发现和更新速度。

传统爬虫从一个或若干初始网页的 URL 开始，获得初始网页上的 URL，在抓取网页的过程中，不断从当前页面上抽取新的 URL 放入队列，直到满足系统的一定停止条件，另外，所有被爬虫抓取的网页将会被系统存贮，进行一定的分析、过滤，并建立索引，以便之后的查询和检索；对于聚焦爬虫来说，这一过程所得到的分析结果还可能对以后抓取过程给出反馈和指导（图 1-5）。

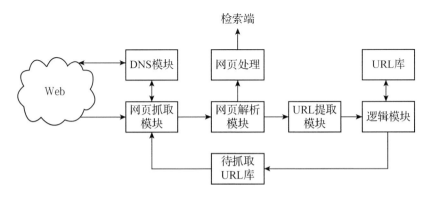

图 1-5 传统网络爬虫结构

爬行器怎样抓取所有的 Web 页面呢？在 Web 出现以前，传统的文本集合，如目录数据库、期刊文摘存放在磁带或光盘里，用作索引系统。与此相对应，Web 中所有可访问的 URL 都是未分类的，收集 URL 的唯一方式就是通过扫描收集那些链向其他页面的超链接，这些页面还未被收集过。这就是爬虫的基本实现原理。从给定的 URL 集出发，逐步来抓取和扫描那些新的出链。这样周而复始的抓取这些页面。这些新发现的 URL 将作为爬行器的未来的抓取的工作。随着抓取的进行，这些未来工作集也会随着膨胀，由写入器将这些数据写入磁盘来释放主存，以及避免爬行器崩溃数据丢失。没有保证所有的 Web 页面的访问都是按照这种方式进行，爬行器从不会停下来，爬行器运行时页面也会随之不断增加。除了出链外，页面中所包含的文本也将呈交给文本索引器，用于基于关键词的信息索引。

通常来说写出一个基本的爬行器是比较简单的，但对于用于商业爬行器来说时就会涉及大量的工程问题，如抓取大量的可访问的 Web 页面。Web 搜索公司，如 Altavista，Northem Ljght，Inktomi，以及诸如此类的公司都发表了爬行技术的白皮书，将这此技术细节拼接在一起也不是一件易事。在公众领域仅仅存在一些文档所给出的细节，如一篇有关 Altavista'5 Mercator 爬行器的文章和 Google 公司第一代爬行器的描述基于这些信息，给出了一个大规模爬行器的精确的结构图。

(五) 云计算

云计算是一种新兴的共享基础架构的方法，可以将巨大的系统池连接在一起以提供各种 IT 服务。在智慧林业建设中，云计算在海量数据处理与存储、智慧林业运营模式与服务模式等方面具有重要作用，支撑智慧林业的高效运转，提高林业管理服务能力，不断创新 IT 服务模式。主要包括三个层次的服务：基础设施级服务 (IaaS)、平台级服务 (PaaS)、软件级服务 (SaaS)。云计算作为新型计算模式，可以应用到智慧林业决策服务方面，通过构建高可靠智慧林业云计算平台为林业智能决策提供计算和存储能力，其扩展性可以极大方便用户，使其成为智慧林业的核心。智慧林业云计算平台的虚拟化技术及容错特性保证了其存储和业务访问功能。利用云计算的并行处理技术，挖掘数据的内在联系，对数据应用进行并行处理。IaaS 层提供可靠的调度策略，是智慧林业云计算得以高效实现的关键。

（六）物联网

物联网就是"物物相连的互联网"，通过智能感知、识别技术与普适计算、泛在网络的融合应用，构建一个覆盖世界上所有人与物的网络信息系统，实现物理世界与信息世界的无缝连接。物联网是互联网的应用拓展，以互联网为基础设施，是传感网、互联网、自动化技术和计算技术的集成及其广泛和深度应用。物联网可在森林防火、古树名木管理、珍稀野生动物保护、木材追踪管理等方面进行广泛应用。今后物联网势必会成为"智慧林业"中的重要组成部分。

（七）移动互联网

移动互联网是指移动通信技术与互联网技术融合的产物，是一种新型的数字通信模式。广义的移动互联网是指用户使用蜂窝移动电话PDA 或者其他手持设备，通过各种无线网络，包括移动无线网络和固定无线接入网等接入到互联网中，进行语音、数据和视频等通信业务。随着无线技术和视频压缩技术的成熟，基于无线技术的，为林业工作提供了有力的技术保障。基于 3G、4G 技术网络监控系统需具备多级管理体系，整个系统基于网络构建，能够通过多级级联的方式构建一张可全网监控、全网管理的视频监控网，提供及时优质的维护服务，保障系统正常运转。

（八）大数据

大数据（Big Data）指的是所涉及的资料量规模巨大到无法透过目前主流软件工具，在合理的时间内达到获取、管理、处理并整理成帮助管理者经营决策的资讯。大数据技术的战略意义不在于掌握庞大的

数据信息，而在于对这些含有意义的数据进行专业化处理。随着信息化技术在林业行业的应用及林业管理服务的不断加强，大数据技术在林业领域的应用也是不可或缺的，包括林业系统信息共享、业务协同与林业云的高效运营，以及林业资源监测管理、应急指挥、远程诊断的管理服务。

第三节　发展现状与趋势

一、国外政府网站

在当前全球信息时代背景下，面向全球电子政务发达国家，重点开展广泛调研，通过借鉴电子政务发达国家政府网站发展思路，汲取先进经验，紧跟国际潮流，对我国林业政府网站全面实现智慧化、国际化具有重大的现实意义。为了提高国际环境下的政府竞争力，各国政府都在大力加强电子政务与政府网站建设，开发与利用大数据技术等。美国、英国、加拿大、俄罗斯、韩国、日本、新加坡等国普遍将电子政务建设上升为国家战略，并出台了相关法规文件，设立了确保战略规划得以落地的管理体制，为规范电子政务建设及政府网站管理提供了宏观指导、执行依据与政策保障。

（一）美国政府网站

在世界各国的政府网站建设中，美国的政府网站在众多国家的官方门户网站中具有自己的特色。美国政府曾经在1993年就提出了要走上"信息高速路"，这一建设也就是要加强国家信息化发展。美国在20世纪对于21世纪的战略性规划，初衷就是走信息化发展道路、振兴美国经济、增强美国的国际影响力和竞争力。在MI（Mind Identity）计划中，除了减少财政赤字、精简政府工作人员以外，美国政府就是要利用信息化手段改善政府服务社会服务公众的方式和水平，严惩犯罪，提高社会福利。美国政府在克林顿总统执政期间 1996 年又提出了新的因特网计划，即 NGI(Next Generation of Internet)，它主张图文并茂的同时也把声音合成其中，以网络媒体形式对外公开政府的相关信息（图 1-6）。

图 1-6　美国联邦政府网站首页

到现在为止，美国所有的联邦政府的一级机构都已经全部有了自

23

己的门户网站，公民可以在家里上网通过这些政府门户网站来了解全国、全州以及市范围内自己想了解的情况，也可以查询政府的一些相关工作。通过这种方式，政府网站实现了多重收益：首先是美国政府这种网络建设潜移默化的让政府职能发生了改变，也使政府的管理得到改变，服务水平也悄然改善；其次，美国公民是政府的这个网站建设的最大获益者，他们从此不用因为在政务大厅排队等候而烦恼。

美国联邦政府网站的特点是：更多的内容，更广泛的范围，更大的规模。在众多政府门户网站中，白宫网站算是比较出名的，它给人的总体印象是：严肃正式与轻松活泼相结合，严肃的主要有最新新闻和热点事件等，相对较为轻松的主要有总统等领导人的家庭介绍等等。白宫网站在美国相当于中国政府网在中国的地位，美国白宫网站是美国官方门户网站，它是全美国的政府网站枢纽。通过点击美国联邦政府网站链接便可以使整个网站成为一个完整的列表部门。电子政务的发展重点是建立一个全国统一的电子福利支付系统、建立一个国家的执法、贸易数据库、税务系统以及公共安全的咨询，促进电子邮政等。

美国政府在实践中往往把网站管理工作委托给服务提供商，从而排出了技术和成本的制约，纽约市政府就是委托首席执行官克林斯曼提供商提供的 Govworks 来为他们提供各项服务，这名执行官坚信他们可以为纽约市民乃至整个美国公民提供更加灵活的政府服务。

(二)英国政府网站

"英国在线"是英国政府面向公众服务的门户网站。该门户网站是世界各国最为成功的政府门户之一。2001 年 2 月 19 日，英国政府正式发布了面向公众服务的门户网——"英国在线"(UKonline. gov. uk)，通过单一入口，向公民提供一体化的服务与信息(图 1-7)。

"英国在线"是 CRM(Customer Relationship Management，客户关系管理)的典范，网站不是以政府的机构或是职能进行划分，而是站在客户的角度，按照客户的需求，提供客户所需的服务，保证他们随时

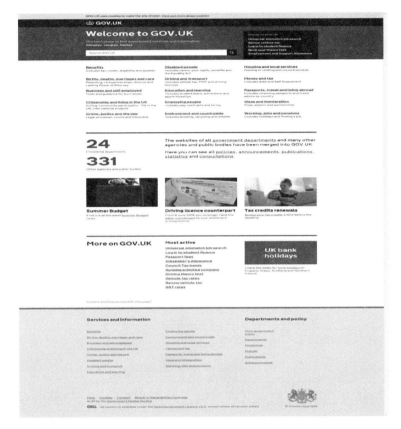

图 1-7 "英国在线"网站首页

随地上网获取"一站式"的服务。同时，客户可以根据自己的需求与爱好定制政府服务。这种新型服务理念改变了传统的政府与公民之间的关系，不再是公民"求助于"政府部门，在各机构之间疲于奔命，而是公民提出自己的需求，政府根据需求"服务于"公民。"英国在线"的整个网站内容都得到每日更新，提供的内容十分丰富，公民可以检查自己是否需要医院治疗、目前出去旅游是否安全、申请护照、填写税单等。同时，公民还可以获悉议会最新动态，知道上议院和下议院的事项、获取最新的法律文件，该网站还具有快速查找、在线交易、公民空间、方便进入等特色。

(三)韩国政府网站

韩国的政府门户网站以"Everything you need to know about Korea, you can find on Korea. net"为理念，在国内外产生了广泛的影响。韩国的电子政务发展为亚洲国家树立了榜样，尤其是在政府信息资源公开方面取得了很大的成就，充分发挥了计算机网络在政府信息公开及电子政务建设中的重要作用。

由于实行政府主导的外向型经济发展战略，韩国经济于20世纪60年代开始起飞，连续30多年实现高速增长。到2008年，韩国的人均GDP位居亚洲国家前列。为了追赶美国、日本等发达国家提出的建立"国家信息基础设施(NII)"的计划，韩国政府提出了建立高速连接的"韩国信息基础设施(KII)"工程。

在推进电子政务发展的过程中，韩政府一直把完善相关的立法作为一项根本性的任务，现已形成了较为完善的电子政务法律体系。为提高公民的信息素质，韩国政府推出了声势浩大的"全国信息化教育计划"，并为了消除不同地区、不同人群以及不同阶层之间在信息技术应用方面也已形成的"数字鸿沟"，韩国政府以所有忽视信息的阶层为对象，对包括家庭主妇、军人、老人、残疾人甚至少年看守所和教导所的在押犯等进行全民性的信息化普及教育；在全国各地建立起了数量众多的"区域信息化中心"，并在全国所有邮局配备互联网计算机站，让边远地区、山区和海岛上的居民可以免费使用互联网。

(四)新加坡政府网站

新加坡政府在1999年建立新加坡网站，该国政府网站建设也是世界上几个比较成功的政府网站之一，网站建设的目的和美国一样也是为了通过政府办公的"三化"(即网络化、现代化和信息化)来增强本国的国际竞争力和国际影响力，内容设置上主要有：政府职能部门职能简介、服务内容简介等。新加坡还成立了新加坡资讯通信发展管理局，同时还设立四个委员会，这也促进信息技术治理制度的建立。新加坡高度重视前瞻性，网站上有较多持续连贯的发展规划建设图片。新加坡政府为了能够提高民众技能，专门投入大量人财物对民众和政府官员进行信息化培训。这为新加坡政府网站在全民中推广奠定了群众基础、技术基础。

二、我国政府网站

互联网时代，国家积极推进社会管理创新战略布局，完善政府网站相关功能与服务以满足社会公众多样化的需求，表明我国政府网站建设正处于重要的发展转型期。近年来，我国高度重视政府网站体系建设，通过出台一系列重大政策文件，有力推动了政府网站的发展。

2001 年 8 月中央组建国家信息化领导小组以来，在国家信息化领导小组的统一领导下，我国先后出台了《国家信息化领导小组关于我国电子政务建设指导意见》(中办发〔2002〕17 号)、《2006—2020 年国家信息化发展战略》、《国家电子政务"十二五"规划》、《"十二五"国家政务信息化工程建设规划》、《关于加强政府网站信息内容建设的意见》(国办发〔2014〕57 号)、《国务院办公厅关于开展第一次全国政府网站普查的通知》(国办发〔2015〕15 号)等多个推进政府网站发展的政策文件，明确了我国政府网站建设内容，确定了政府网站发展方向，有力推进了各级政府网站体系的建设从无到有、从起步到壮大的发展进程，推进了各级政务部门要加快政务信息公开的步伐，促进了创新型、服务型、效能型、智慧型政府网站建设，促进各级行政机关要加强政府网站信息发布工作、提升政府网站传播能力，使得政府网站建设成为我国政府信息化建设的重要组成部分，对于推进我国政府网站体系建设起到了重要作用。

其中，国务院办公厅《关于加强政府网站信息内容建设的意见》(国办发〔2014〕57 号)指出，要推进集约化建设。完善政府网站体系，优化结构布局，在确保安全的前提下，国务院各部门要整合所属部门的网站，建设统一的政府网站技术平台。

（一）商务部网站

商务部政府网站的建设从最初的代建代管、集中管理到最后的单位建站经历了多年的摸索尝试，打造出适合商务部网站的发展模式（图1-8）。

图1-8　商务部门户网站首页

商务部网站群基于技术统一、功能统一、结构统一的技术原则搭建，随着信息量的加大在资源互通方面逐步完善。目前已建设成为面向多服务对象、多渠道、多层级、多网站的集群式平台，构建了主站管理、各站点自行维护的在同一数据基础上的网站集群体系。商务部网站群，实行"单位组网、网站组栏"的内容组织模式，子站信息是主站内容的基础，各子站的政策通知、新闻、统计、调研和商情等信息，在子站发布的同时，同步到主站进行集中展示，实现了重要业务信息实时无缝推广。

商务部网站通过对信息源数据项的逐一录入达到数据源的完整性，利用技术手段针对不同要求的展现页面实现数据源的分项挑选展现。网站实现了使用统一发布系统构建同一篇文章在不同站点呈现不同的页面展现形式。通过技术手段预先开发后台发布系统各栏目模板，将所需要的各个基本数据项全部列出，录入信息时只需填写各基本数据项，各子站通过预先设定的模板，选取页面展现所需的数据项，就可以实现同一篇文章在不同的站点有不同的展现样式，方便用户浏览。

(二)上海市政府门户网站

为建立与政府履职相适应的电子政务体系，形成网上服务与实体大厅服务、线上服务与线下服务相结合的一体化新型政府服务模式，上海市按照"统一标准、分级建设；市区联动、同步实施；资源整合、信息共享；需求导向、以人为本"的原则，建设全市统一的网上政务单一窗口——"中国上海"门户网站(www. shanghai. gov. cn)，推动信息资源整合共享和数据开放利用，拓展行政审批、办事服务、事中事后监管等多种功能，提升行政管理和为民服务水平(图1-9)。

"中国上海"以建设智慧政府门户为目标，以提升网站在线服务效能为原则，以融合数据、拓展应用、创新服务为主线，探索以互联网 + 政务新模式构建集网上办事、政府信息公开、便民服务、政民互动等功能于一体的新型政务服务平台，促进政府职能转变，推进依法行政。

图 1-9 "中国上海"首页

"中国上海"在页面风格上，要求做到简洁易用、层次清晰，凸显页面简洁化、内容板块化、使用人性化。在栏目设置上，更加突出网上政务大厅，并为公布权力清单、责任清单和负面清单，开展事中事后监管预留栏目空间。在应用功能上，同步推出"中国上海"微门户和"白玉兰助手"智能服务平台，不断创新门户网站多渠道办事和智能化服务的功能。

（三）浙江政务服务网

浙江政务服务网自 2013 年 11 月启动建设，于 2014 年 6 月 25 日上线运行。目前已初步建成集行政审批、便民服务、政务公开、互动交流、效能监察等功能于一体，浙江省市县统一架构、多级联动的公共服务平台，网站注册用户达 200 万，日均访问量 130 余万次，整体运行良好，有力地促进了浙江省各级政府行政权力规范、透明、高效运行，推动了服务型政府、法治政府建设（图 1-10）。

图 1-10　浙江政务服务网

　　浙江政务服务网以"服务零距离，办事一站通"为主旨，着眼于推进智慧政务与智慧民生双轮驱动，通过推动权力事项集中进驻、网上服务集中提供、政务信息集中公开、数据资源集中共享，打造建设集约、服务集聚、数据集中、管理集成的"网上政府"，促进政府治理体系与治理能力现代化。作为全国首个实现省市县一体化建设与管理的政府网站，浙江政务服务网构架于统一的政务云平台上，按照统一导航、统一认证、统一申报、统一查询、统一互动、统一支付、统一评价的要求，推进全省网上政务服务一站式汇聚。全省 101 个市县政府和 31 个开发区设服务平台，43 个省级部门设服务窗口，并设置"2＋4"的功能板块。"2"即个人办事、法人办事两个主体板块，按主题、按部门分类，对全省政务服务资源进行了全口径汇聚；"4"即行政审批、便民服务、阳光政务、数据开放四个专项板块。

三、林业政府网站

(一)发展历程

中国林业网与国家林业局政府网、国家生态网一网三名,是国家林业局唯一官方网站(www.forestry.gov.cn)。中国林业网自2000年建成至今,紧跟全球、全国信息化发展浪潮,历经15年发展建设,取得了由简单到复杂,由单一到群体,由落后到先进的跨越式发展成效。其历程可大致分为4个阶段(表1-1)。

表1-1 中国林业网发展历程

发展阶段		起步探索 1.0 阶段 (2000—2005 年)	建设发展 2.0 阶段 (2006—2009 年)	整合提升 3.0 阶段 (2010—2013 年)	智慧创新 4.0 阶段 (2014 年开始)
网站名称		国家林业局 政府网	国家林业局 政府网	中国林业网 国家林业局 政府网 国家生态网	中国林业网 国家林业局 政府网 国家生态网
建设	网站功能	1 类 (信息发布)	2 类 (信息发布 + 个别服务)	3 类 (信息发布 + 服务 + 互动)	4 类 (信息发布 + 服务 + 互动 + 新媒体)
	栏目个数	个位数	10 位数	100 位数	100 位数
应用	日访问量	500 人次	8000 人次	300000 人次	1000000 人次
	应用服务	0 项	10 项	80 项	100 项
维护	日更新量	10 条	100 条	1000 条	1500 条
	信息类型	1 种 (文字)	2 种 (文字 + 图片)	3 种 (文字 + 图片 + 视频)	4 种 (文字 + 图片 + 视频 + 音频)

1. 起步探索(2000—2005 年)。国家林业局政府网于2000年11月建成开通(图1-11),进入中国林业网1.0阶段。这个时期的特点是:网站功能单一,只有简单的信息发布功能。网站页面设计基于ASP动态页面设计系统,没有转贴、动漫、视频等功能,后台管理简单,信

息加载难度大。网站维护只有简单的信息发布，每天发布量仅 10~20 条，年发布信息量只有 3000~5000 条。谈及政府文件上网，会引来许多诧异的眼光。网站管理落后，既没有明确的管理制度，也没有明确的管理部门。网站信息安全没有提到议事日程，缺乏网站防火墙和防篡改系统。网站的社会关注度很低，日访问量仅有 500 多人次，还没有成为政府信息发布的重要渠道。

图 1-11　中国林业网 1.0 版首页

这一时期，各省级林业主管部门，先是北京、广东、福建等经济发达地区的林业厅局建有网站，之后向湖南、江西、广西、湖北、河南等中部地区延伸，市县级林业网站极少。网站只有信息发布功能，色彩单调或混杂、栏目布局不合理或缺失。网站风格杂乱，内容零散。网站内容基本不更新，经常性地打不开，网站首页缺乏联系方式，网站好坏无人问津。省级林业部门的建站率不足 50%，许多省级林业部

门没有网站。

2. 建设发展(2006—2009 年)。进入"十一五",政府网站建设引起了各级政府的高度重视,社会各界广泛关注,网站功能逐步提升,网站进入建设发展阶段。2006 年上半年,国家林业局政府网(国家生态网)进行了技术升级和全面改版(图1-12),进入中国林业网 2.0 阶段,开启了国家林业局政府网站发展的新篇章。

(1)网站功能逐步增强。网站最初只有信息发布功能,只能发布一些政务信息、公开一些政策文件,全部都是文字信息,与传统媒体在感官上差别不大。2006 年以来,网站功能逐步增加,形成了具有视频点播、专题报道、交流互动、办事指南、数据查询等多种功能、多种展现形式、内容更加丰富的门户网站。

(2)信息发布数量增多。信息发布数量由每天 10~20 条增加到 100 条以上,年发布信息量由只有 3000~5000 条增加到 30000 多条。用户来源不断增多,网站访问量不断提升,2008 年突破 500 多万人次。网站建设质量不断提高,大大提升了国家林业局政府网站的社会影响力。

(3)网站绩效不断提升。2006 年,国家林业局政府网站在部委网站绩效评估中位列第 23 位,网站排名逐步上升,并获得了"特色与创新提名奖",被列入业绩突出、进步较快的政府门户网站。

这一时期,各省级林业政府网站相继建成,网站功能有所扩展,信息质量有所提高,省级林业部门建站率达到 90%,市级林业政府网站数量快速增长到 225 个,建站率大约 50%,经济和林业发达的县级林业部门也纷纷建立网站。最大的特点是各地建站积极性很高,无论自身条件如何,无论业务领域大小,凡事都愿意建网站,各种各样的网站蜂拥而上,网站风格五花八门。最大的问题是功能单一,信息内容少,准确度低,更新不及时,形成了一个个小网站,人力和信息资源极为浪费,网站安全没有保障。

图 1-12　中国林业网 2.0 版首页

　　3. 整合提升（2010—2013 年）。以 2009 年印发的《全国林业信息化建设纲要》和《全国林业信息化建设技术指南》、召开首届全国林业

信息化工作会议、成立国家林业局信息办为标志，林业信息化步入了全面快速发展的轨道。国家林业局先后启动实施了国家林业中心机房改造扩建、内外网物理隔离和专网扩建、中国林业网站群和内网建设等重点工程。在工程项目带动下，国家林业局政府网进行了全面改版重建，2010年初正式上线，实现中国林业网、国家林业局政府网和国家生态网"一网三名"（图1-13），进入中国林业网3.0阶段。网站开通第一周，日访问量达到108万人次，比改版前增加约100万人次。网站访问速度、安全防范、后台监管、服务功能等大大提高，网站功能和办网成效实现了质的飞跃。政府网站的全面性、权威性、准确性、快速反应能力、安全防范能力等得以充分显现，为打造电子政府奠定了坚实基础。从2010年到2013年，中国林业网在部委网站绩效评估中连续获得第11名、第10名、第4名、第3名的好成绩，成为发展最快的政府网站，有力推动了服务型政府建设，实现了由服务部门向服务社会、由被动应对向主动出击的转变。先后获得"品牌栏目奖"、"优秀政府网站"、"中国政府网站领先奖"、"电子政务管理效能提升奖"、"中国互联网最具影响力政府网站"等多个奖项。网站互联网影响力日益提高，中国林业网资源被百度收录量达62.8万条，高于部委平均水平24.3万条，成为中国政府网站一颗新星。

（1）打造了统一门户。中国林业网以网站群架构技术为支撑，建成了以主站为龙头，集司局、直属单位、省区市等林业部门网站群，森林公园、国有林场、林木种苗基地、自然保护区等专业子站群和美丽中国网、中国信息林网站等特色网站群，共2000多个子站为一体的中国林业统一门户。

（2）建成了三大版本。国家林业局政府网、中国林业网、国家生态网"一网三名"，具有简体、繁体、英文三大版本，扩大了网站浏览群体，每天约有1万多境外人员访问中国林业网，增强了世界各国对中国在濒危物种保护、湿地保护、防治荒漠化、应对气候变化等方面

图 1-13　中国林业网 3.0 版首页

的政策规定和履约行动的了解与支持，推动中国林业建设成就跨国界展示。

（3）建设了四大板块。按照国办关于网站建设的文件精神，结合林业行业特点，中国林业网建设了信息发布、在线办事、互动交流和林业展示四大板块，以文字、图片、视频三种形式展示网站丰富的内容。在突出林业特色栏目的同时，建设了在线访谈、在线直播、专题建设和中国林业网络电视等新颖的互动性、集中性专业栏目，对重要事件和重要活动做全方位报道。

（4）增强了网站功能。整合林业种苗、植树造林、森林采伐等37个林业行政审批事项，发布了各个审批事项的办事指南、审批流程和联系方式等，实行网上受理、网下办理和审批结果网上查询；增建场景式服务和林业快速通道，方便群众查询办事指南和流程；建设林业标准、科技成果、林业专家、树木博览园等多个数据库，增强信息共享和辅助决策功能；打造中国林业网络博物馆、中国林业网络博览会、中国林业网络电视台（CFTV）、中国林业云、中国林业物联网等多形式服务内容，扩大网站信息容量，增强网站服务功能。

（5）加强了制度建设。发布了《中国林业网管理办法》、《全国林业网站绩效评估标准》、《全国林业网站绩效评估办法》和《国家林业局关于加强网站建设和管理工作的通知》等多个管理办法，建立了网站信息内容审核制度、各子站信息更新季报制度等多个管理制度，明确了网站管理责任，逐步实现网站建设和管理规范化。

（6）开拓了网络新渠道。中国林业网不断引入新技术，开发建设了中国林业网移动客户端，开通了林业微博和微信，充分利用新媒体加强服务型政府建设，扩大了服务对象和服务范围，广泛倾听民声民意，及时解答群众问题，极大地提高了网站服务能力。

（7）搭建了生态文化平台。充分利用网络优势，开展首届和第二届全国生态作品大赛、首届信息改变林业征文大赛、首届美丽中国征文大赛等丰富的网络赛事，以弘扬生态文化、倡导绿色生活、共建生态文明为主旋律，全力打造网上生态文化阵地，为建设生态文明、实现美丽中国做出贡献。

这一时期，各省级林业网站整合加入中国林业网的子站后，办网目标和网站定位更为明确，网站功能逐步拓展，政务公开、在线服务和互动交流三大功能协调发展，体现出功能全面、内容丰富、运行安全的良好态势。2011年，国家林业局实施了信息援藏计划，组织建设了西藏自治区林业局网站，结束了西藏林业局没有网站的历史，实现了全国省级林业网站的全覆盖。各市县级原有网站逐步规范，质量明显提升，建站数量快速增加，市级达到258个，县级达到849个，成为基层电子政务的主要平台。

4. 智慧创新(2014年以来)。随着大数据、社交媒体、智能移动终端等新技术的不断出现，互联网信息传播规律发生了新变化，公众期望了解和参与政府决策也有了新需求，对全球政府网站发展产生了深刻影响。尤其是党的十八届三中全会提出，"必须切实转变政府职能，加快构建服务型政府，提高政府为经济社会发展服务、为人民服务的能力和水平"，对政府网站建设提出了更高要求。围绕服务型政府建设，中国林业网以用户需求为导向，通过实时感知用户需求，主动为公众提供便捷、精准、高效的服务，全面提升国家林业局网上公共服务的能力和水平，不断提升网站互联网影响力，建成了基于大数据分析的智慧政府门户(图1-14)，进入中国林业网4.0阶段。

(1)设计风格顺应国际主流趋势。新版中国林业网顺应时代发展潮流，借鉴发达国家和国内领先政府网站建设经验，采用扁平化设计理念，界面简约清新、图文动静结合，利用横板替代垂直滚动的竖版设计，通过标签式切换功能，实现了"一屏视全站"的效果，更加直观大气，使浏览者具有流畅的视觉体验。

图 1-14　中国林业网 4.0 版首页

（2）板块定位突出政府网站功能。新版中国林业网在保留"信息发布、在线服务、互动交流"三大政府网站传统板块的基础上，根据林业特色设计增加了"走进林业"板块，便于公众随时了解掌握中国林业整体概况，实现"四位一体"完美结合。同时，突出优势栏目、推出重点栏目、整合边缘栏目，充实提高网站内容，通过网站增强信息公开、回应社会关切、提升政府公信力。

（3）纵横分明构建完整站群体系。新版中国林业网构建了"纵向到底、横向到边、特色突出"的站群体系，全国甚至全球林业"一网打尽"。纵向建设了国外、国家、省级、市级、县级林业等各层级网站，横向覆盖了森林公园、国有林场、种苗基地、自然保护区和主要树种、珍稀动物、重点花卉等林业各领域网站，特色突出了美丽中国网、中国植树网、中国信息林、网络图书馆、博物馆、博览会、数据库、图片库、视频库等网站。目前，中国林业网子站已达 3000 多个，位居国内政府网站前列，大大提升了林业影响力。

（4）新媒体技术创新网站多元发展。新版中国林业网进一步增强与用户互动的功能，充分运用新媒体技术，使新增的"林业新媒体"栏目涵盖了中国林业网官方微博、微博发布厅、微信号、移动客户端，并覆盖全终端、全系统，努力走向"全媒体"、"一站通"新阶段，方便公众随时随地了解林业行业信息、享受在线服务，建成了基于新媒体的政务信息发布和互动交流新渠道。

（5）四个维度提升网站服务能力。新版中国林业网立足"服务大局、服务司局、服务基层、服务群众"四个维度，全面提升服务能力。精选林业信息为局领导提供决策支持，服务于林业大局；建设子站为各司局各直属单位提供展示平台，服务于全局各单位；让省市县三级网站群基层信息走到前台，服务于各基层单位；整合上百项国家、地方审批事项和便民服务，结合场景式模拟，为群众提供林业全周期"一站式"在线服务。

总的来看，经过 17 年的发展和 4 次重大改版，中国林业网不断加强网站管理，丰富网站内容，扩展网站功能，整合服务资源，坚持朝着智慧化、全面化、服务化发展，打造了一个又一个亮点，建设成为面向世界的智慧政府门户网站。

（二）建设成果

在我国林业信息化由"数字林业"步入"智慧林业"发展的新阶段，中国林业网着力构建智能化、一体化、服务化的智慧林业网站，采用国际主流设计风格，融入林业特色，将全球林业"一网打尽"，积极整合现有各级、各类资源，构建统一、开放、完整的中国林业网统一数据资源，提升各部门协同能力，提高为民办事的效率，大幅降低政府管理成本，增强决策效率和服务水平，取得了一项项重大突破和重要成就。中国林业网不断丰富信息表现形式、加大信息发布广度，具有简体、繁体、英文三大版本，展现了林业建设的概貌，扩大了网站浏览群体，加载了 100 多个国家专题信息，全世界每天约有 120 个国家的网民访问中国林业网。增强了世界各国对中国在濒危物种保护、湿地保护、森林碳汇、防治荒漠化、应对气候变化等方面的政策规定和履约行动的了解与支持，推动中国林业跨国界展示与交流。

1. 中国林业网站群体系。

（1）主站。中国林业网主站采用扁平化设计风格，主要有走进林业、信息发布、在线服务、互动交流四大版块，走进林业板块是根据中国林业网用户访问行为分析结果，将用户关注度高的栏目如，领导专区、机构简介、林业概况在显著位置优先显示，同时将林业展厅、热点专题、热点信息置于页面右侧，结合绿色标识、形象展示、历史上的今天、图书期刊等栏目内容，全面、全景、全角度展示了林业行业的独特魅力和绿色底蕴。信息发布主要集中分为 3 部分。第一部分是在中国林业网首页信息发布区，包括图片信息、最新资讯、公告图解、信息快报、社会关注等 5 个栏目。第二部分是信息发布专区，将林业行业的重要政府文件和各重要业务信息集中进行展示。第三部分设置了政府信息公开专栏。根据互联网用户访问数据分析结果，按照用户访问热度和网站信息种类，信息发布专区重新进行页面布局，旨在让公众更方便快捷地获取到所需信息。在线服务板块结合林业行业特点，打造全周期在线服务模式，结合重点事项、快速通道、在线办事等，为公众提供全面、及时、高效的在线服务。互动交流板块建设了在线访谈、在线直播、常见问题解答、建言献策、咨询留言和我要咨询等 6 个栏目，主动回应公众关切，热心解答公众难题，积极公开业务内容。

（2）子站。中国林业网建设了纵向站群，横向站群以及特色站群。纵向站群由世界林业、国家林业、省级林业、市级林业、县级林业和乡镇林业工作站等 6 个站群组成，从外到内，自上向下，将林业行业全部打通，形成了林业信息发布、提供在线服务、进行互动交流的综合平台，让林农足不出户就可以了解最新最贴近的信息内容。横向站群由国有林区、国有林场、种苗基地、森林公园、湿地公园、沙漠公园、自然保护区、主要树种、珍稀动物、重点花卉等站群组成，实现站群核心业务一体化。特色站群包括美国中国网、中国植树网、中国信息林网、中国林业数字图书馆、中国林业网络博物馆、中国林业网络博览会、中国林业数据库、中国林业图片库、中国林业网络电视等子站。这些个性鲜明，各具特色的子站从林业的不同角度展示林业工作成果，为弘扬生态文化，推进生态文明，建设美丽中国起到了积极作用。

2. 数据共享平台。2013 年开始，国家林业局率先尝试建设行业数据库，以公众需求为主导，在广泛调研、充分论证的基础上，建设了中国林业数据库。按照《国务院关于印发促进大数据发展行动纲要的通知》(国发〔2015〕50 号)的要求，2015 年在原有基础上，对国家林业局各司局各直属单位以及全国各级林业主管部门多年形成的各类数据成果资料、国内外各类公开的林业信息资源进行整合，同时开放数据上传平台，丰富各类林业数据，建成了中国林业数据开放共享平台。

中国林业数据开放共享平台以其丰富的信息资源、多渠道的接入方式，为用户构建了一个便捷的网络服务平台。平台包括数据统计图、数据统计表、专题分布图、数据预测分析、按行政区划、按业务类别、重点数据库、数据定制采集、我的数据库等栏目，内容涉及政策法规、林业标准、林业文献、林业成果、林业专家、林业科研机构等诸多领域的信息，是林业行业权威性专题数据平台。该平台，可使公众从类型、专题、数据形式等角度了解林业数据。目前，平台已积累资源数量 58889 条。下一步，平台将根据用户的需求变化和数据开放程度，进一步整合林业数据资源，充分挖掘数据价值，构建林业数据与社会数据交互融合的信息采集、共享和应用机制，提升林业科学决策水平，为全面开创我国林业现代化建设新局面作出新贡献。

3. 智慧决策平台。为更好地推进中国林业网站群建设，准确掌握互联网用户需求和访问数据，进一步提升中国林业网智慧管理水平，自 2014 年起，国家林业局信息中心启动实施中国林业网智慧决策系统建设工作。历时近 1 年半的时间，通过多次讨论座谈和专家论证，并经反复修改完善，中国林业网智慧决策系统正式建成上线。系统利用大数据技术对中国林业网站群用户访问数据进行全面收集和整理分析，将所有访问数据分类展示，精确跟踪用户需求和定位用户关注热点趋势变化，实现面向用户数据的实时监测、统一调度、集中管理，全面提升基于网站群数据的决策支撑能力。

中国林业网智慧决策系统包括站群详情、绩效概览、网站对比、地理分布、时间分布等 5 个功能模块。"站群详情"功能模块从集群概览、主站、纵向站群、横向站群、特色站群等 5 个角度，根据热门关键词、页面浏览量、站内搜索使用率、访问量、国内外访问分布、移动终端用户比、网站效能指数、站内搜索有效度、站群内联系等 22 个指标，对中国林业网站群用户访问数据进行集中展现。

系统将根据工作实际和用户需求变化，进一步完善和扩建各功能模块，提升网站智慧管理和决策能力。同时，系统将逐步向中国林业网各级子站管理员开放，以加强各子站运行管理，全面推进中国林业网站群建设，为加快推进林业现代化建设作出贡献。

4. 一站式服务。中国林业网立足"服务大局、服务司局、服务基层、服务群众"四个维度，全面提升服务能力。精选林业信息为领导提供决策支持，服务于大局；建设子站为各司局各直属单位提供展示平台，服务于司局；让省市县三级信息走到前台，服务于基层；整合上百项国家、地方审批事项和便民服务，结合场景式模拟，为群众提供林业全周期"一站式"在线服务。同时，新整合了全国林业行业优秀应用，按照"业务系统"、"公共服务"、"电商平台"三个维度，为广大公众提供林业在线服务平台。

中国林业网整合公众关注度高、办理量大的 80 多项重点服务资源，整合了 27 项林业行政审批事项，积极开展网上办事，实行网上受理、网下办理和审批结果网上查询。将国家、地方办事服务资源整合，从办事指南、审批流程、结果查询到相关法律，为公众提供全周期服务，提升了在线服务质量，拉近了与公众的距离。开设了我要咨询、建言献策等栏目，完善了在线直播、在线访谈、网络电视等功能。组织有关领导和专家进行林业政策解读、技术解答，使林业大政方针和相关知识深入人心。建设了全国林业行政执法人员管理系统、全国木材运输证真伪查询、已审定良种信息查询、国家重点林木良种基地查询、国家林业局专业技术资格申报系统、全国林业调查规划设计单位资格认证管理系统、全国经济林数据上报系统、网络森林医院、野生动物保护救助呼叫系统等，打造了网络服务林农的重要平台。

5. 全媒体发布模式。中国林业网充分运用新媒体技术，实现主动推送服务，进一步增强与用户互动的功能。新增的"林业新媒体"涵盖了中国林业网官方微博、微信、微视、移动客户端，努力走向"全媒体"、"一站通"新阶段，方便公众随时随地了解林业行业信息、享受在线服务，建成了基于新媒体的政务信息发布和互动交流新渠道。陆续在新浪、人民、新华、腾讯等四大主流门户开通"中国林业发布"官方微博，已策划了多期微访谈、微直播、微话题活动，发布微博25534多条，粉丝数70多万，社会影响力与日俱增。微信发布图文消息537条，粉丝数达24699人，"权威发布"、"林业知识"等特色栏目点击量超过1万人次。开发定制了社会化媒体分享插件"正分享"，实现全站信息向新浪微博、腾讯微博、微信、新华微博、人民微博等国内9类主流社交媒体网站的自由推送，打通中国林业网和社交媒体信息共享通道，促进提升网站社交媒体影响力。

6. 立体发布。中国林业网提供了文字、图片、图解、视频、百科等五种内容形式，及时发布全国林业政务信息，平均每个工作日发布信息1000多条，每季度采编信息100余万字，每日访问量达到100万人次，平均每月信息被新浪网、光明网、人民网等主流媒体转载约4500次。

为充分发挥中国林业网的行业信息公开第一平台作用，进一步扩大中国林业网互联网影响力，将林业行业的好做法好经验向社会推广，结合中国林业网特点，充分利用信息发布工具和构建良好机制，将林业重要信息通过中国林业网主站、各子站和林业新媒体向社会公众发布，形成矩阵式立体发布态势，扩大林业影响力，共同做好中国林业网信息发布工作，将重要信息及时发布、转载、传播出去不断提升林业政府信息的影响力，为推进生态文明，建设美丽中国做出新的贡献。

7. 中林智搜。为适应智慧林业发展，打造搜索智能、信息全面、渠道先进、用户喜欢的中国林业智能化搜索平台，最终实现对中国林业网主站、横向站群、纵向站群及特色站群各类信息的智能搜索服务，大大提升林业信息服务水平。中国林业网智能搜索平台为用户提供7×24小时智能在线搜索和智能应答服务，以信息采集与管理、信息检索系统、信息搜索分类、知识管理平台为核心功能，通过资讯、政策法规、核心业务、实用技术、相关搜索、热点搜索、猜您关心、图片、视频、文件、栏目、数据、应用、最近热点等14种分类维度进行检索，最终构建出统一的智能搜索平台提供检索服务。

第二章
网站建设

　　近年来，随着信息技术及电子政务的深入发展，政府网站建设呈现出越来越多的变化，从页面风格、板块设计到各级栏目都在不断进行调整和变化。同时，随着微博、微信、微视及移动客户端等一大批新媒体的大量涌现，各类政务服务平台也均转移到政府网站上，提供全周期服务。中国林业网经过4次重大改版，形成了纵向到底、横向到边、特色突出的站群体系，各站群页面设计风格多样。通过对中国林业网主站与各站群的页面风格、板块设计和栏目设置进行梳理，所有用户能够更清晰的了解中国林业网主站(国家生态网、国家林业局政府网)、纵向站群体系、横向站群体系和特色站群体系的建设情况以及中国林业网新媒体——"三微一端"建设维护情况。

第一节　主站建设

　　中国林业网着力构建智能化、一体化、服务化的智慧林业网站，采用国际主流设计风格，融入林业特色，将全球林业"一网打尽"，积极整合现有各级、各类资源，构建统一、开放、完整的中国林业网统一数据资源，提升各部门协同能力，提高为民办事的效率，大幅降低政府管理成本，增强决策效率和服务水平，取得了一项项重大突破和重要成就。

一、页面设计

中国林业网顺应时代发展潮流，借鉴发达国家和国内领先政府网站建设经验，采用扁平化设计理念，界面简约清新、图文动静结合，利用横版替代垂直滚动的竖版设计，通过标签式切换功能，实现了"一屏视全站"的效果，更加直观大气，使浏览者具有流畅的视觉体验（图2-1）。

图2-1 中国林业网主站首页

（一）页面风格

中国林业网主站页面大体可以分为页眉、主体功能区、页脚三个部分。一是页眉（图2-2）。包括设为首页、加入收藏、个人文档、邮箱登录、移动办公、编委会、时间日期、中文繁体、English、无障碍通道、智能服务平台等栏目。同时，中国林业网、国家生态网的logo作为网站名称和标识放页眉显著位置放置。右侧则放置中国林业网搜索平台入口和林业新媒体栏目。二是主体功能区。分为首页、四大板块、纵向站群、横向站群、特色站群（图2-3）。三是页脚。包括联系我们、意见建议、网站地图、旧站回顾、访问量统计、点击量排行以及举报方式等栏目，介绍中国林业网主站的管理部门信息、网站整体架构等信息。同时，单位地址、主办信息、京 ICP 备案号、视听节目许可证号、政府网站标识等内容也在这里（图2-4）。

图 2-2　中国林业网主站页眉

图 2-3　中国林业网主站主体功能区

图 2-4　中国林业网主站页脚

（二）版式风格

中国林业网页面宽度采用主流显示器的分辨率设计，页面长度以一屏为主，按照"国"字型结构设计，体现出一屏视全站的效果。中国林业网整体版式风格以简洁、大方为主，网站整体采用导航切换方式，充分利用页面空间，彻底告别以往的又长又复杂的设计风格。

（三）色彩风格

中国林业网主站整体色彩风格以通用的"蓝白灰"为主色调，加上

49

林业特有的绿色，形成中国林业网的整体用色风格。网站一二级栏目以蓝色为主，首页站群等以绿色为主，部分特色栏目用红色、黄色等显示。

二、板块设计

按照国办关于网站建设的文件精神，结合林业行业特点，中国林业网建设了走进林业、信息发布、在线服务、互动交流和专题文化五大板块，以文字、图片、视频三种形式展示网站丰富的内容，便于公众随时了解掌握中国林业整体概况，实现"四位一体"完美结合。在突出林业特色栏目的同时，建设了在线访谈、在线直播、热点专题等新颖的互动性、集中性专业栏目，对重要事件和重要活动做全方位报道。

（一）走进林业

为体现林业特色，让公众更全面、更深入、更直观地了解中国林业，中国林业网在政府网站传统的"信息发布、在线发布、互动交流"三大板块的基础上，特别建设了"走进林业"板块。该板块根据中国林业网用户访问行为分析结果。将用户关注度高的栏目，如：领导专区、机构简介、林业概况在显著位置优先显示。同时将林业展厅置于页面右侧，结合重要文件、政策法规等栏目内容，全面、全景、全角度展示林业行业（图2-5）。

（二）信息发布

中国林业网信息发布主要集中分为三部分。第一部分是在中国林业网首页信息发布区，包括图片信息、最新资讯、公告图解、信息快报、社会关注5个栏目。第二部分是信息发布专区，将林业行业的重要政府文件和各重要业务信息集中进行展示。第三部分设置了政府信息公开专栏。根据互联网用户访问数据分析结果，按照用户访问热度和网站信息种类，信息发布专区重新进行页面布局，旨在让公众更方便、更快捷地获取到所需信息（图2-6，图2-7）。

图 2-5 中国林业网主站"走进林业"板块

图 2-6 中国林业网首页信息发布区页面示意

图 2-7 中国林业网信息发布专区页面示意

（三）在线服务

《国务院办公厅关于进一步加强政府信息公开回应社会关切提升政府公信力的意见》明确指出，要完善政府网站服务功能，及时调整和更新网上服务事项，确保公众能够及时获得便利的在线服务。中国林业网在线服务板块结合林业行业特点，打造全周期在线服务模式，结合热点办事、快速通道、在线办事等，为公众提供全面、及时、高效的在线服务。在线服务板块主要分为全周期服务、热点办事、在线办事等栏目（图2-8）。

图 2-8　中国林业网在线服务板块

（四）互动交流

《国务院办公厅关于进一步加强政府信息公开回应社会关切提升政府公信力的意见》明确指出，拓展政府网站互动功能，围绕政府重点工作和公众关注热点，通过公众问答、网上调查等方式，接受公众建言献策和情况反映，征集公众意见建议。中国林业网按照国务院办公厅要求，互动交流板块建设了在线访谈、在线直播、常见问题解答、建言献策、在线调查、咨询留言和我要咨询7个栏目，主动回应公众关切，热心解答公众难题，积极公开业务内容（图2-9）。

（五）专题文化

中国林业网除了提供信息公开、在线服务、互动交流等传统功能

52

图 2-9　中国林业网互动交流板块

外，全新增加了专题文化板块，主要包括热点专题、生态文化、重要
节日、绿色标识、形象展示、历史上的今天和图书期刊等 7 个栏目。
热点专题栏目是中国林业网精品栏目，栏目内容包括重要会议、重大
事件以及重要活动三个部分，将林业主要业务、会议、活动都以专题
形式展示。生态文化专题则是围绕"弘扬生态文化"的目标，发布生态
文化各类动态信息，展示网上生态文化活动，结合重要节日、绿色标
识等，为公众营造出浓厚的网络生态文化氛围(图 2-10)。

图 2-10　中国林业网专题文化板块

三、栏目梳理

为了突出优势栏目、推出重点栏目、整合边缘栏目，充实提高网站内容，通过网站增强信息公开、回应社会关切、提升政府公信力，中国林业网主站建设了共计46个细分栏目，具体内容如下。

(一)走进林业

1. 领导专区。领导专区主要是国家林业局领导班子成员介绍，以及各位领导的主要活动和工作动态，是公众了解领导风采的主要窗口和重要渠道。主要包括个人简历、领导分工、主要活动、重要讲话、重要论述、重要会议、图片报道、视频报道8个栏目。

2. 机构简介。机构简介主要是介绍国家林业局各司局、各直属单位的工作性质、业务职能、处室设置、联系方式等内容，是公众了解和熟悉国家林业局及各单位职能的重要途径。机构简介包括国家林业局简介，司局设置。

3. 林业概况。林业概况集中整合林业基本情况、林业资源、年度发展报告、国土绿化报告、信息公开报告、林业分析、林业大事记等重要林业行业资料和报告，包含了资源清查报告、政府信息公开报告、国土绿化状况公报、调查报告等，通过查阅相关报告，可以了解到中国森林资源的现状、中国森林蓄积量、中国湿地数量、林业产业发展情况等内容，是公众全面了解林业、深入认识林业的重要窗口。

4. 林业展厅。林业展厅包括综合厅、专题厅、地方厅、博览会4部分。综合厅从领导关怀、发展历程、机构沿革、生态建设、林业产业、生态文化、林权改革等方面宏观介绍了我国林业概况。专题厅展示了我国林业森林防火、天然林保护、退耕还林等方面的主要成果。地方厅全面展示了我国31个省(自治区、直辖市)、5个森工(林业)集团近年来在森林资源保护、湿地保护、荒漠化治理、林业产业发展、野生动植物保护等方面取得的主要成就。博览会在线展示了世界园艺博览会、花博会等大会情况，打造永不落幕的网上博览盛宴。

5. 政府文件。政府文件栏目下设中央、国务院、国家林业局等3个子栏目，及时转发党中央、国务院重要文件，权威发布国家林业局令、公告公报、通知等重要文件，公众可以通过访问政府文件栏目，第一时间获取全国重要文件内容，知晓林业行业权威发布的公文信息。

6. 政策法规。政策法规栏目下设林业法律、行政法规、部门规章、相关法律法规、名录、司法解释、政策法规动态、政策解读等7个子栏目。公众可通过浏览该栏目，了解林业相关的法律法规等内容，同时还能及时掌握各项法规条例的修订动态。

（二）信息发布

1. 首页图片信息。图片信息栏目是中国林业网特色栏目之一，通过在首页大面积进行图片展示，符合公众对网站信息的"读图需求"，使网站重要信息一目了然，让公众迅速掌握近期林业重要事件、工作、会议等。该栏目属于综合内容栏目，包括最新图片、热点信息、热点专题、意见征求等重要内容都在此进行展示。

2. 首页最新资讯。最新资讯栏目是中国林业网的金牌栏目，是公众点击量最多、内容关注度最高的信息发布栏目。每天上午8点前发布当天中央、国家林业局、全国各省、区、市林业最重要的信息，全天及时转发重要实时信息，保证为公众提供最及时、最权威、最重要的信息。最新资讯栏目包括林业每日头条、最新林业信息等3个子栏目。

3. 首页公告图解。按照国务院办公厅对网站信息内容建设的最新要求，中国林业网为公众提供包括文字、图片、视频、图解等形式多样的信息，其中将原来的公示公告栏目整合成公告图解栏目，下设公示公告和林业图解2个子栏目。公示公告栏目及时发布国家林业局公告、通知、公示等重要信息。林业图解栏目将中央、国务院、国家林业局发布的重要文件、规划、意见等，及时通过表格、图样等方式，

将文件重点提炼出来，配以精炼的文字说明，为公众提供简单、易懂、便于掌握的政策解读。

4. 首页信息快报。信息快报栏目一直是社会公众及各地各单位重点关注的栏目，栏目下设司局动态和地方动态2个子栏目。司局动态栏目展示了国家林业局各司局各直属单位最新最重要的政务信息，地方动态栏目展示了全国各省级林业主管部门的最新最重要的政务信息，同时2个栏目也是公众了解国家林业局各司局、各直属单位以及各省区市林业主管部门发布动态信息的主要窗口。

5. 首页社会关注。社会关注栏目下设国务院重要信息、时政、财经、信息、科技、文体、军事、综合等子栏目，收集了包括中国政府网、人民网、新华网、光明网等各大主流媒体每天发布的非林业信息，让公众在了解林业信息的同时，也能随时关注到当天其他领域的重要信息。

6. 森林防火。森林防火与森林公安栏目下设防火信息、火险预报、森林火灾、公安动态、执法办案、队伍建设等6个子栏目。公众通过浏览该栏目，及时获取防火信息，了解森林火灾最新态势，特别是每天发布的森林火险气象等级预报将每天20点至第二天20点全国森林火灾高发地带以图例形式标注，及时提醒广大森林武警官兵做好防火准备，警醒广大公众注意野外防火，切勿引发灾害，对国家、人民造成重大损失。

7. 有害生物。重大外来林业有害生物灾害栏目下设工作动态、监测预警、应急预案、应急处置、公文公告、法律法规等6个子栏目。公众通过浏览该栏目，可以了解全国防治重大外来林业有害生物灾害的最新动态，获取最新监测预警信息，查阅有害生物防治的应急预案和后续处置，甚至相关的规范性文件和法律法规都可以在这里找到。

8. 重大沙尘暴。沙尘暴是危害人类的重大自然灾害之一，严重影响着生产生活的正常运行。近年来，国家林业局通过京津冀防护林、三北防护林等重大生态工程，有效遏制了土地沙化和重大沙尘暴。重大沙尘暴灾害栏目下设沙尘暴灾害应急处置短信平台、工作动态、监测评估、应急预案、荒漠化治理、法律法规等 6 子个栏目。公众通过浏览该栏目，及时获取沙尘暴灾害最新消息，及时做好防护准备。

9. 疫源疫病。陆生野生动物疫源疫病监测下设野生动物疫源疫病数据报送、工作动态、监测预警、应急预案、公文公告、法律法规等 6 个子栏目。公众通过浏览该栏目，及时获取陆生野生动物疫源疫病监测信息。各地通过报送系统报送防疫情况，及时按照应急预案进行处理。

10. 科学技术。科学技术栏目下设科技动态、科学研究、科技推广、林业成果等 4 个子栏目。公众可通过浏览该栏目，了解中国林业科技方面的最新动态信息，最新研究成果和在全国的科技推广情况。

11. 人事教育。人事管理栏目下设人事任免、职称评定、公务员招考、先进表彰、教育培训等 5 个子栏目。公众通过浏览该栏目，可以及时获取国家林业局人事变动信息，了解最新公务员招考信息，查看最新表彰结果。每年下半年，职称评定栏目也是点击量比较高的栏目，林业系统各地各单位领导干部通过查看相关内容，按时准备提交申请材料。

12. 国际合作。国际合作栏目下设合作动态、国际项目、公约履约、重要国际会议、重要外事活动等 5 个子栏目。公众通过浏览该栏目，及时获取我国与世界各国在政府间与非政府间国际合作的动态，相关国际项目建设情况，公约履约情况等。

13. 机关两建。机关两建栏目下设党建工作、组织建设、党风廉政、纪检监察、统战工作、共青妇工会、学习园地、协会组织、离退休活动等 9 个子栏目。公众通过浏览该栏目，可以获取国家林业局在党建工作、工会工作、协会工作、统战工作等方面的信息。

14. 电子政务。电子政务栏目下设工作动态、应用培训、相关政

策、发展历程、地方实践等 5 个子栏目。公众通过浏览该栏目，能及时了解我国电子政务发展概况及林业行业电子政务发展的最新动态和取得的成果。

15. 造林绿化。造林绿化栏目下设植树造林、国土绿化、林业有害生物防治、绿化基金、防护林建设等 5 个子栏目。公众通过浏览该栏目，可以了解我国各地植树造林动态，掌握国土绿化的基本概况，认识中国绿化基金等内容。

16. 资源管理。资源管理栏目下设综合信息、资源监测、林地林权、采伐利用、林政执法、资源监督等 6 个子栏目。公众通过浏览该栏目，可以从森林资源的监测、林地确权、林木采伐利用、林政执法等角度了解森林资源管理的主要内容，了解我国森林面积、森林覆盖率、森林蓄积量等重要指标。

17. 天然林保护。2000 年 10 月，经国务院批准，天然林资源保护工程正式启动，工程包括长江上游地区、黄河上中游地区、东北和内蒙古等重点国有林区，2017 年后全国天然林商品性采伐将全面停止。天然林保护栏目下设工程进展、工程简报、经验交流等 3 个栏目。公众通过浏览该栏目，可以及时了解工程的最新动态，获取保护经验等。

18. 退耕还林。我国退耕还林工程自 2001 年起正式实施，工程包括全国 25 个省(区市)和新疆生产建设兵团。退耕还林(草)工程的实施，使严重沙化耕地得到治理，有效增加工程区内林草覆盖率，较大改善工程治理地区的生态环境。退耕还林栏目下设组织机构、政策法规、工程进展、工程简报、经验交流等 5 个子栏目。公众通过浏览该栏目，及时获取退耕还林工程相关信息，了解工程最新动态。

19. 湿地保护。湿地保护栏目下设湿地动态、法律法规、各地实践等 3 个子栏目。公众通过浏览该栏目，可以了解我国在湿地保护方面取得的成绩，掌握各省(区市)在湿地保护方面的相关动态信息等。

20. 防沙治沙。防沙治沙栏目下设工作动态、沙尘暴预警、石漠化治理、国际履约、政策规定、经验交流、京津风沙源治理等7个子栏目。公众通过浏览该栏目，可以掌握我国荒漠化和沙化土地的现状及其治理情况。每年6月17日，是世界防治荒漠化和干旱日，公众在该栏目可以及时获取相关主题和背景知识。

21. 生物多样性。生物多样性栏目下设工作动态、物种保护、自然保护区、物种进出口、疫源疫病、保护目录等6个子栏目，其中物种进出口子栏目包含组织机构、管理动态、政策规定、国际公约等4个栏目。公众通过浏览该栏目，能够及时了解我国在保护生物多样性方面做出的努力以及物种保护方面的最新动态。

22. 集体林改。集体林改包括重要新闻、高层关注、领导讲话、综合信息、政策文件、重要会议、媒体聚焦、各地动态、背景资料、成就展览、典型材料等11个子栏目。公众通过访问该栏目，可全面了解和深入认识我国集体林权改革的核心内容、背景资料、主要成就等。

23. 林业产业。林业产业栏目下设木材及其他原料培育产业、林产工业、木本粮油和特色经济林产业、森林旅游产业、林下经济产业、竹产业、花卉苗木产业、林业生物产业、野生动植物繁育利用产业、沙产业等10个子栏目。公众通过浏览该栏目，可全面了解我国林业十大产业最新动态和最新成果。

24. 信息公开专栏。按照《中华人民共和国政府信息公开条例》要求，及时公开政府信息，规范公开方式和程序。信息公开专栏包括公开指南、公开目录、公开条例、实施办法、规范性文件、行政审批事项、权责清单、依申请公开、部门预决算、国家局公报、年度报告、规划与资金、政府采购、林业扶贫等14个栏目。

(三)在线服务

1. 全周期服务。林业全周期服务结合林业行业特点，提供国家林业局行政审批平台总入口。同时，从林地、种苗到造林、保护，再到

旅游、采伐等利用，整合国家和地方办事资源，提供办事指南、办事流程、场景式服务、便民服务，力求为公众打造全周期的在线办事服务。

（1）八大分类覆盖林业行业全流程。全周期办事服务共分为林地林权、林木种苗、植树造林、动植物保护、森林旅游、林木采伐、木材经营、科学研究等8大类，将林业行业审批事项全部覆盖，让公众在一个窗口完成所有申报事项。

（2）两级资源提供完整服务。全周期服务整合30多项国家和100多项地方两级办事资源，从办事指南、办理流程、结果查询等方面，让公众可以方便找到并了解所需办事项目。

（3）场景式引导办事一条龙服务。特别设置的在线场景式服务以第一人称为公众提供服务，按照事项每一个环节的不同情况，引导用户一步步完成在线办事。

（4）选取古树名木、林木种苗、林权交易、林业百科、野生动物、野生植物、森林公园、自然保护区、生态旅游、专家信息等主题，为公众提供实用技术、权威数据查询等便民服务项目。

2. 热点办事。热点办事栏目是最近5年内在中国林业网在线申报最多的在线办事事项，包括全国建设项目使用林地审核审批系统、全国木材运输证真伪查询、国家网络森林医院等。

3. 在线服务平台。在线服务平台分为业务系统、公共服务、电商平台三大类，包括国家网络森林医院、在线植树、中国林业产业与林产品年鉴、林业建设项目管理系统、沙尘暴灾害应急处置短信平台、野生动植物疫源疫病数据报送系统等50多项服务。

（1）业务系统。包括全国林业行政执法人员管理系统、全国竹藤资源培育与产业发展基础数据平台、国家防护林工程中央预算内投资数据管理系统、全国经济林数据上报系统、全国木材运输证真伪查询系统、全国林业财政资金信息管理系统、国家林业局林业建设项目管理系统、国有林场、林木种苗和森林公园数据库、全国乡镇林业站在线培训平台、国家林业局专业技术资格申报系统、林业产业年鉴数据上报系统、虫情动态上报系统、陆生野生动物疫源疫病监测、沙尘暴灾害应急处置短信平台、全国林业调查规划设计单位资格认证管理系统、北京市法规文件及地方标准查询、北京市园林绿化行业专家查询、河北省林业基本情况数据库、河北省林业统计资料管理系统、河北省网上审批系统、福建主要森林植物识别、福建名木古树数据库、湖北省林业厅网上服务平台、湖南省林地测土配方信息系统、广东省生态公益林效益补偿信息系统、陕西省古树名木专题、甘肃省荒漠种子植物资源信息共享平台等29个系统，为林业干部职工日常工作提供便利。

（2）公共服务。包括在线植树、国家网络森林医院、熊猫频道、首都园林绿化公众服务地图网、北京市观光果园查询、辽宁省公共服务、吉林龙湾国家级自然保护区生态旅游信息查询系统、上海市绿化市容电子地图、浙江红木追溯、浙江政务服务网、云南林农专业合作社综合管理信息平台、陕西省青少年森林体验等12个系统或栏目，为公众倡导绿色生活提供服务。

（3）电商平台。包括中国森林食品网、中国林业产权交易所、华东林业产权交易所、南方林业产权交易所、吉林林业电子商务交易平台、安徽省林权管理服务信息平台、福建省海峡林产业交易中心、成都农村产权交易所(中国西部林权交易网·四川)等8个交易平台，为林业产权交易、林产品交易等活动提供了便利。

（四）互动交流

1. 在线访谈。在线访谈包含国家林业局以及全国各地制作的访谈类视频，内容涉及政策解读、经验介绍、成果展示等，所有内容按照

年份进行分类，采访嘉宾包括国家林业局局领导、各司局和直属单位司局长、各省林业厅局长、各地基层林业干部、知名专家学者等。

2. 在线直播。在线直播栏目是全国厅局长会议、重要新闻发布会、重大专题会议等重要会议及活动的网络直播，让公众可以及时全面了解会议情况，所有内容按照年份进行分类。

3. 常见问题解答。及时快速回复公众问题，为公众解决从事林业工作中遇到的问题，将公众常用的问题进行收集整理，方便公众在提问前先查阅，提高了工作效率。

4. 我要咨询。我要咨询是公众咨询的主要窗口，设置了表格式提问栏，让公众对提问方式一目了然，及时组织专家及相关部门回复公众留言，确保公众得到满意答复。咨询留言让公众可以浏览以往问题，帮助解决自身问题，避免出现重复问题等。

5. 建言献策。建言献策栏目主要是在一些重大规划、意见和办法出台前，面向社会公众征集意见，并吸收采纳合理性意见，以更好的适用于公众，服务于公众。

6. 在线调查。在线调查栏目是与公众互动交流、采集调查信息的主要方式，先后对中国林业网用户访问情况、历年全国林业信息化十件大事、全国"奋斗在林改一线的十佳大学生村官"等进行网络评选调查。

（五）专题文化

1. 热点专题。中国林业网热点专题栏目围绕时事热点、社会热点、林业热点，设置重要会议、重要工作、重大事件3个类别，面向广大公众及时集中发布各类重要事项发生发展全过程，做到一个热点、一个专题、全程追踪、集中发布、一站浏览，以更好地服务社会、服务林业大局、服务生态民生。自2006年3月开通"中央关于新农村建设的政策"首个专题以来，制作各类专题74个，包含600多个栏目，近 40000 条信息。

2. 生态文化。生态文化包括文字和专题两个部分,下设文化活动、关注森林、生态文艺等 3 个子栏目。公众通过浏览该栏目,感受林业行业网络生态文化氛围,了解林业行业网络生态文化内涵。

3. 重要节日。重要节日栏目整理林业行业主要节日,包括世界湿地日、世界野生动植物日、中国植树节、国际森林日、全国"爱鸟周"活动、国际生物多样性日、世界防治荒漠化与干旱日等,对这些重要节日链接专题或者栏目,让公众可以全面深刻了解这些重要节日的由来、主题、背景知识等,更好地吸引公众走进林业、贴近自然,更好地融入到生态文明建设中。

4. 绿色标识。标识可以对一个部门或者机构起到识别和推广的作用,可以让公众记住业务主体和部门文化。绿色标识栏目展示了林业信息化、中国野生动物保护协会、中国森林防火、国家林业局管理干部学院、国家林业局调查规划设计院、国家林业局工业规划设计院、中国林业教育培训、中国林学会、国家种苗、湿地中国、现代林业产业等 17 个标识,通过点击标识,公众可以了解每个标识的背景知识,知晓标识的真正含义。

5. 形象展示。形象展示以视频的形式,介绍包括林业信息化标识——飞翔的林业、森林防火标识——虎威威等内容,充分展示森林的幽静美丽,显示出自然和谐、天人合一的林业形象。

6. 历史上的今天。历史上的今天栏目是公众了解全国历史和林业历史的窗口,重点展示全国和林业历史上重要任务、重大事件、重要文件、重要会议等。

7. 图书期刊。包括林业行业的报纸、杂志、年度报告和重点图书、最新书目等内容,是公众了解林业行业出版物的重要渠道,也是林业行业展示工作成果的重要栏目。

第二节 子站建设

鉴于林业各级子站建设情况不规范，信息和服务内容的组织形式千差万别，大量网站独立建设、单独运行，不仅造成了资源浪费，而且增加了维护成本，增大了公众的使用难度，更影响了政府网站形象的实际情况，按照集约化建设理念，中国林业网构建了"纵向到底、横向到边、特色突出"的站群体系，将全国甚至全球林业"一网打尽"。纵向建设了世界、国家、省级、市级、县级、乡镇林业等各层级网站，横向覆盖了国有林区、国有林场、种苗基地、森林公园、湿地公园、沙漠公园、自然保护区和主要树种、珍稀动物、重点花卉等林业各领域网站，特色突出了美丽中国网、中国植树网、中国信息林、网络图书馆、博物馆、博览会、数据库、图片库、视频库等网站。截至2016年9月，中国林业网子站已达4000个，位居国内前列，大大提升了林业互联网影响力。

一、纵向站群体系

中国林业网纵向站群由世界林业、国家林业、省级林业、市级林业、县级林业和乡镇林业等6个站群组成，从外到内，自上向下，将林业行业全部打通，形成了林业信息发布、提供在线服务、进行互动交流的综合平台，让公众足不出户就可以了解最新最贴近的信息内容。

（一）世界林业站群

2012年10月，世界林业站群建设工作正式启动。通过对不同国家的林业网站建设模式、内容风格、特色特点进行深入分析，建设统一平台的世界林业站群，便于林业专业人士以及普通用户及时了解国外林业发展现状、趋势等，学习国外林业发达国家的先进经验。截至

2016年12月，已建成上线100个子站。各国家林业子站设置国家概况、热点资讯、政策法规、生态系统、生物多样性、生态建设、林业产业、科技教育、国际合作、相关机构、森林旅游、精美相册和精彩视频等13个栏目，全面介绍各国林业发展概况，供用户了解、学习和使用（图2-11）。

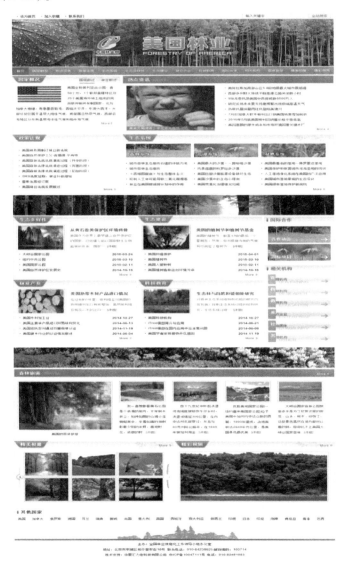

图2-11 中国林业网世界林业站群子站示例

(二)国家林业站群

国家林业站群是中国林业网最早建立的子站群,包括国家林业局各司局各直属单位的子站,通过集群建设,将国家林业局政府网与各单位子站紧密结合在一起,根据各单位业务特点,建立特色鲜明的国家林业站群,构建国家层面林业信息综合发布平台。截止到 2016 年 12 月,共建立 52 个子站。

以"国家林业局信息化管理办公室"为例,子站有最新要闻、互联网热点、信息快递、厅局长论坛、政策发布、会议报道、前沿技术、国外借鉴、成就展览、调研培训等 19 个栏目,不仅展示了林业信息化发展概况,而且及时报道了全球信息化前沿技术等(图 2-12)。

图 2-12 中国林业网国家林业站群直属单位子站示例

（三）省级林业站群

在中国林业网形成站群体系之前，各省林业网站都各自为政，国家林业局政府网与各省子站、各省子站之间缺乏联系、沟通，信息不能共享，无法形成网站共同发声的合力。为促进全行业信息资源共享、开发和利用，实现互联互通，省级林业站群整合了全国42个省级林业主管部门子站，包括31个省（区、市）、5个森工（林业）集团、新疆生产建设兵团和5个计划单列市林业子站（图2-13），完成了由国家到省级的林业站群体系。

图2-13 中国林业网省级林业站群子站示例

（四）市级林业站群

随着林业业务的发展，人们对林业信息越来越关注，公众参与度越来越高，从而对林业的综合要求也越来越高，建设覆盖全国的林业网站群迫在眉睫。2013年7月，顺应时代发展和公众对各级林业信息的需求，在国家、省级林业站群的基础上，进行了全国市、县林业局网站建设，实现全国林业网站全覆盖，加强了基层林业信息发布和信息服务能力。市级林业站群设置了林业资讯、政策法规、生态建设、资源保护、林业产业、林业科技、党建工作、互动交流、林业图片等多个栏目（图2-14），目前已建成179个市级子站。

图 2-14　中国林业网市级林业站群示例

（五）县级林业站群

中国林业网县级林业站群设置了林业资讯、政策法规、生态建设、资源保护、林业产业、林业科技、党建工作、互动交流、林业图片和林业视频等多个栏目（图2-15），目前已建成827个县级子站。

图2-15 中国林业网县级林业站群示例

(六)乡镇林业站群

中国林业网乡镇林业网站群正式上线,标志着中国林业网站群建设继世界林业、国家林业、省级林业、市级林业、县级林业网站群之后,连通了服务基层最后一公里,林业信息化服务基层能力进一步提升。乡镇林业网站包括工作动态、工作站介绍、森林保护、虫害防治、技术推广、林业改革、林业产业、调查统计等栏目,丰富了林业站公共服务的形式和内容,为基层群众及时获取到林业动态和相关政策信息提供了信息窗口,也为扩大林业宣传的覆盖面和影响力搭建了网络平台(图2-16),目前已建成65个乡镇林业子站。

图2-16 中国林业网乡镇林业站群子站示例

二、横向站群体系

随着林业信息化的深入推进，各森林公园、自然保护区、国有林场、种苗基地等林业单位的网站建设需求愈加强烈。建立统一管理、统一部署、统一标准、统一规范的专业网站群，是节约资源、降低成本的有效方法，有助于统一信息发布、互动交流和开展服务。基于此，国家林业局建设了横向专业站群，实现站群核心应用一体化。横向站群使用统一的数据管理平台，核心功能统一开发和设定，各子站自主管理和维护，子站个性化功能个性化开发。目前，按照林业主题业务范围和实体单位，建设了国有林区网站群、国有林场网站群、种苗基地网站群、森林公园网站群、湿地公园网站群、沙漠公园网站群、自然保护区网站群、主要树种网站群、珍稀动物网站群和花卉网站群。这些网站，在统一技术架构基础上分级管理、分级维护，信息可以实现基于特定权限共享呈送的网站集合。网站群系统技术标准统一，能够互联互通，实行集群化管理，形成相对一致的网站运行和服务规范。

（一）国有林区站群

国有林区是我国重要的生态安全屏障和森林资源培育战略基地，是维护国家生态安全最重要的基础，在经济社会发展和生态文明建设中发挥着不可替代的重要作用，为国家经济建设作出了重大贡献。为积极探索国有林区改革路径，进一步增强国有林区的生态功能和发展活力，中国林业网建设了国有林区站群，通过信息化手段推进国有林区改革。国有林区站群设置了林业资讯、政策法规、生态建设、资源保护、林业产业、林业科技、党建工作、互动交流、林业图片和林业视频等多个栏目（图2-17），目前已建成44个国有林区子站。

（二）国有林场站群

中国林业网国有林场站群设置了林场简介、信息动态、公示公告、下属机构、图片展示、特色产品、产业动态、森林经营、周边景点、

图 2-17　中国林业网国有林区站群子站示例

周边饭店等栏目（图 2-18），目前已开通福建省尤溪国有林场、山东省寿光市国有机械林场、湖北省荆门市彭场林场、湖南省炎陵青石冈国有林场、广西国有高峰林场等 1025 个国有林场网站。

图 2-18　中国林业网国有林场站群示例

(三)种苗基地站群

中国林业网种苗基地站群设置了基地简介、最新要闻、生产概况、良种介绍、供求信息、技术支撑、计划总结、资料共享、基地风采等

栏目(图2-19)，目前已开通福建省洋口林场国家杉木良种基地、江西省吉安市青原区白云山林场国家杉木湿地松良种基地、中国林科院亚热带林业实验中心油茶良种基地、湖北省恩施市铜盆水林场国家杉木良种基地、宁夏林木良种繁育中心国家杨树良种基地等354个种苗基地网站。

图2-19　中国林业网种苗基地站群示例

（四）森林公园站群

中国林业网森林公园站群设置了公园简介、热点信息、场景式服务、特色景观、生态文化、旅游产品、特色商品、图片列表、风光掠影、风景视频、科研科普等栏目（图2-20），目前已开通莲花山国家森林公园、兴凯湖省级森林公园、神农架国家森林公园、桃花源国家森林公园、哈里哈图国家森林公园等344个森林公园网站。

（五）湿地公园站群

中国林业网湿地公园站群设置了公园简介、热点信息、场景式服务、特色景观、生态文化、旅游产品、特色商品、图片列表、风光掠影、风景视频、科研科普等栏目（图2-21），目前已开通虎林国家湿地公园、始丰溪国家湿地公园、漩门湾国家湿地公园、东江源国家湿地公园、九龙湾国家湿地公园、唐河国家湿地公园、金沙湖国家湿地公园、远安沮国家湿地公园、普者黑国家湿地公园等88个湿地公园网站。

（六）沙漠公园站群

为进一步推进集群式网站群体系，统一网站技术平台，服务林业基层工作，扩充中国林业网的服务范围，2015年6月中国林业网建设了沙漠公园站群，旨在弘扬大漠文化，向公众展示沙漠公园之美，推动防沙治沙工作。沙漠公园站群设置了公园简介、热点信息、场景式服务、特色景观、生态文化、旅游产品、特色商品、图片列表、风光掠影、风景视频、科研科普等栏目（图2-22）。目前已建成奇台硅化木沙漠公园和沙雅国家沙漠公园2个网站。

（七）自然保护区站群

中国林业网自然保护区站群设置了保护区概况、工作动态、自然资源、自然保护、公众教育、生态旅游、保护区风光等栏目（图2-23），目前已开通北京百花山国家级自然保护区、吉林黄泥河自然保护区、浙江凤阳山自然保护区、湖南莽山国家级自然保护区、广西猫儿山国家级自然保护区等287个自然保护区网站。

图 2-20　中国林业网森林公园站群示例

图 2-21　中国林业网湿地公园站群示例

（八）主要树种站群

中国林业网主要树种站群设置了概览、资讯、培育、利用、文化、旅游、科技教育、政策法规、国际合作、机构队伍、相册、视频等栏目，展示了主要树种的特色和优势，用户通过访问本站群可以获得林业主要树种的相关信息和服务。目前，已开通中国松树网、杉树网、

77

图 2-22　中国林业网沙漠公园站群示例

柏树网、杨树网、柳树网、榆树网、槐树网、泡桐网、银杏网、竹子网、桉树网、樟树网、核桃网、板栗网、枣树网、油茶网、沙棘网、桃树网、楠木网、枫树网等 100 个子站(图 2-24)。

图 2-23　中国林业网自然保护区站群示例

图 2-24　中国林业网主要树种站群示例

（九）珍稀动物站群

中国林业网珍稀动物站群是普及珍稀动物知识的窗口，设置了我是谁、我的家园、我的近况、我的成长、请保护我、我的故事、海外关系、科技教育、政策法规、爱心机构、我的相册、我的视频等栏目，公众可以通过本站群查看和学习国家珍稀动物的相关知识和信息，包括国内珍稀动物的有关新闻、资料、论文、科研成果、文件、标准、法律法规等，起到对珍稀动物知识的普及教育作用。目前，已开通中国猴类网、熊类网、大熊猫网、狮子网、豹子网、老虎网、大象网、麋鹿网、鹿类网、藏羚羊网、黑鹳网、朱鹮网、天鹅网、孔雀网、丹顶鹤网、龟类网、扬子鳄网、鱼类网、中华鲟网、蝴蝶网、野马网、中华秋沙鸭网、鹰类网、褐马鸡网、红胸角雉网等100个子站（图2-25）。

（十）重点花卉站群

中国林业网重点花卉站群是普及花卉知识的窗口，设置了概况、资讯、科技、产业、文化、旅游和普及教育、政策法规、国际合作、机构队伍、相册和视频等栏目，公众可以通过本站群了解和学习相关花卉知识，包括栽培、繁殖、产业、文化等，从而加深对各种花卉的了解。目前，已开通牡丹、月季、杜鹃、菊花、荷花、梅花、茶花、兰花、桂花、水仙、石竹、玉兰、海棠、百合和芍药等100个花卉网站（图2-26）。

三、特色站群体系

中国林业网特色站群包括美国中国网、中国植树网、中国信息林网、中国林业数字图书馆、中国林业网络博物馆、中国林业网络博览会、中国林业数据库、中国林业图片库、中国林业网络电视等子站。

（一）美丽中国网

为弘扬生态文化，推进生态文明，建设美丽中国，中国林业网发挥网站群优势，充分整合现有森林公园、自然保护区、珍稀动物等专

图 2-25　中国林业网珍稀动物站群示例

题站群内容，组织建设了美丽中国网站（http：//beautifulchina.
forestry. gov. cn），展示了我国壮美秀丽的自然风光，引人入胜的人文
景观，悠扬深邃的文化遗产，种类丰富的动植物资源，构成了一幅
"美丽中国"的精彩图画。美丽中国网旨在为公众提供尊重自然、热爱

图 2-26　中国林业网重点花卉站群示例

自然、保护自然的平台，运用互联网思维，建设公众参与的开放平台，充分发挥每个人的力量，结合微博、微信、微视等新媒体，通过广泛途径收集美丽中国的信息，打造"权威、全面、特色"的美丽中国网（图 2-27）。

图 2-27　美丽中国网首页

　　美丽中国网首页采用中国文化元素设计，篆刻字体和蝴蝶结瞬间激起爱国情怀。栏目展示设计突破传统网站风格，一级栏目用大图片叠片设计，二级栏目用卷轴展示，进入首页就能让人感受到美的气息。网站包括时讯快报、最美自然、最美城乡、最美人文、最美世界、最美活动、最美图片、最美视讯等 8 个一级栏目，通过文字、图片、视频等形式展示了包括我国浩瀚林海、秀美湿地、雄浑大漠、自然保护区、神奇动物、瑰丽植物、辽阔草原、雄伟山峰、迷人海岛、险峻峡谷、最美城市、最美乡村、最美校园、最美厂区、最美小区等，突出自然风光的秀美多彩和城市化建设的成果；绿海思潮、最美人物、最美事件、最美文化、最美公益、最美节庆等让公众品味中国悠久的历史文化，感悟道德文化，体会最美的人和事；最美欧洲、最美亚洲、最美美洲、最美非洲、最美大洋洲等 6 个二级标题，主要从世界的范围，感受异域的美好景色和风土人情；美丽中国行、首届"美丽中国"征文大赛等，通过组织活动，在字里行间感受美丽风景，从别人眼中看到独特的美好事物。

（二）中国植树网

　　中国植树网（http：//etree. forestry. gov. cn）适应信息时代的要求，

利用现代信息技术，将网上捐款与网下植树有机结合起来，实现了虚拟与现实世界的完美连接，为社会各界和广大公众参与植树造林、绿化祖国提供了一个更加方便快捷的渠道。中国植树网开设首页、植树、资讯、科普、排行榜、植树流程等6个一级栏目，公众可以获取与植树造林有关的最新资讯、科学知识、实用技术、政策法规、产业信息等；可以选择植树项目、植树地点、植树树种及数量，进行网上捐款和查询捐款使用情况等；可以进行互动交流，分享植树造林心得体会，发表现代林业建设意见和建议等。网站的开通对我国应对气候变化、保障生态安全、发展现代林业、建设生态文明具有积极意义（图2-28）。

（三）中国信息林

中国信息林网（http：//smartforest. forestry. gov. cn），以展示中国信息林建设成就为主要宗旨，同时报道国内外林业信息化发展情况、相关法律法规等方面资讯。主要包括资讯报道、信息林概况、生长培育、生态环境、信息林博览、周边环境、创新应用、林业科技、政策法规、大事记等栏目，内容丰富，信息详实。网站可以实时查看中国信息林的生态环境实时数据和监控视频，集中展示了利用物联网技术打造的首片中国信息林的生长状况，轻点鼠标足不出户就能看到信息林状况，为加快林业实现信息化、网络化、智能化，具有积极的示范意义。

"中国信息林"是由国家林业局设计，北京市园林绿化局具体实施的林业物联网示范项目，坐落于北京园博园。为充分展示物联网技术在林业中的应用，国家林业局信息办组织建设了中国信息林网，旨在展示先进信息技术，实时监测信息林生长变化情况，为信息技术在林业中的应用做出有益探索（图2-29）。

图 2-28　中国植树网首页

图 2-29　中国信息林首页

（四）中国林业数字图书馆

中国林业数字图书馆依托林业行业图书信息资源，建立传递快捷、管理高效、服务多元、面向全行业的数字图书馆系统。该系统包括行业数字图书馆资源子系统和行业数字图书馆管理子系统，主要涉及林业电子图书资源和林业电子图书的存储、交换、流通等方面的内容。中国林业数字图书馆通过知识概念引导的方式，突破信息存储和地域限制，将林业行业相关的数字化信息进行网络传输，达到资源换共享，实现任何时间、任何地点的使用，为林业行业和社会公众提供便捷的文化服务（图2-30）。

图2-30　中国林业数字图书馆首页

（五）中国林业网络博物馆

为了给公众提供更多的关于林业的展览服务，中国林业网络博物馆通过虚拟现实技术和网上展览技术融合，构造栩栩如生的三维网上博物馆，将逼真的现场效果推送至每一位参观者。中国林业网络博物馆包括森林馆、花卉馆、野生动物馆、野生植物馆、湿地馆和荒漠化馆，充分展示林业生态文化产品，参观者可在展厅任意漫游，与展品实时互动，了解展品的生产加工过程，了解林业资源对低碳经济的重要作用，仿佛置身于真实的森林资源世界。中国林业网络博物馆的建立，为企业、个人和用户提供了一座沟通与交流的桥梁（图 2-31）。

图 2-31 中国林业网络博物馆首页

（六）中国林业网络博览会

中国林业网络博览会基于产品管理系统运行，实现新闻资讯、供应商、产品、工程项目、客户 5 类信息的浏览检索，提供整合的 B2B 站内即时通信系统，实现网站用户和客服人员或者供应商之间的即时沟通，实现在线洽谈和交易。中国林业网络博览会设置了行业资讯、供求信息、产品、公司、招投标、展会、技术、人才和会员等栏目，作为及时、全面发布林业行业供求信息、项目整合、技术进步和新产品开发的专业平台，是目前服务于林业终端用户及相关产业、报道国

89

内外最新动态的专业性权威行业网站，读者覆盖林业相关用户的中高管理层、技术人员以及生产厂商的中高管理层，其专业性和权威性得到了业内认可(图2-32)。

图 2-32　中国林业网络博览会首页

(七)中国林业数据库

中国林业数据库从林业基础数据信息入手，以内容管理为基础，以多样信息的采集、存储、分析、定义、目录展示为过程，对国家林业局的历年统计数据、林业科学数据、林业区划数据等进行整合，通过高效便捷的检索手段为国家林业局用户提供统一的林业信息数据目录展示服务，为林业决策提供决策支持和应用支撑。中国林业数据库主要包括历年统计数据、历年统计分析报告、林业科学数据库数据、林业区划数据库数据、四大资源清查数据库数据、各司局共享数据、政策法规数据、林业标准数据、中国生态状况报告、林业信息化发展报告、林业重大问题调研报告、林业重点工程及社会经济效益报告和林业工作手册等(图2-33)。

(八)中国林业图片库

中国林业图片库是一个自然风光宝库，包含森林万象、植物千姿、动物百态、秀美山川、大漠风情、绿色产业、务林人风采等20多个栏目，将森林的风采、林业的建设成果、先进集体和人物、各种展示盛会、各种动植物和花卉、文化活动、产业发展等以图片展示的形式直观地展现在网络平台，供用户欣赏(图2-34)。

(九)中国林业网络电视

中国林业网络电视依托中国林业网平台，收集整理有关生态文明的专题片，制作各种形式的宣传生态文明的视频，借助全新的电视观看方法，实现按需观看、随看随停、个性化互动的便捷方式，加大对生态文化的传播力度。中国林业网络电视包括资讯频道、在线访谈、地方风采、专题报道、生态文化、远程教育、绿色时空、林改频道、科普长廊、央视集锦、展播频道、大地寻梦12个频道，全方位多层次利用流媒体展示全国生态文化建设情况(图2-35)。

图 2-33　中国林业数据库首页

图 2-34　中国林业图片库首页

图 2-35　中国林业网络电视首页

第三节　新媒体建设

　　21 世纪，信息技术快速发展，网络日益成为公众意见表达的重要渠道，网络舆情所呈现出来的巨大影响力，既给我国民主政治建设提供了机遇和动力，也给政府舆情引导带来了新的挑战。"人人都有麦克风，人人都是自媒体"，人人都有信息传播渠道。2016 年 6 月，中国互联网信息中心（CNNIC）发布《第 38 次中国互联网络发展状况统计报告》。报告显示，截至 2016 年 6 月，我国网民规模达 7.10 亿，手机网民规模达到6.56亿,网民手机上网使用率为92.5%,大大超过台式电脑(64.6%)和笔记本电脑(38.5%)。现在,全国7亿多网民、400多万家网站、近千万个微信公众号活跃在网络中,每天产生300多亿条信息。因此,建设政府新媒体对于做好新时期的在线服务和舆情工作都将发挥关键作用。中国林业网充分运用新媒体技术,实现主动推送服务,进一步增强与用户互动的功能。"林业新媒体"涵盖了中国林业网官方微博、微信、微视、移动客户端,方便公众随时随地了解林业行业信息、享受在线服务,成为基于新媒体的政务信息发布和互动交流新渠道。

一、微博

微博自诞生以来,就以其平民化、口语化、个性化的优势迎来"井喷式"发展,迅速形成一股新媒体力量。2011年是政务微博发展元年,微博由此成为政府与网民沟通的新平台、新渠道。经过几年的发展,我国政务微博稳步推进,在覆盖面、微博质量、管理水平、综合影响力等方面呈现出不断提升的趋势,作为推动社会管理创新的有效方式,越来越受到政府的支持及公众的认可。据《第36次中国互联网络发展状况统计报告》显示,截至2016年6月,我国微博客用户规模2.42亿,开通政务微博并认证的政府机构和党政人员数量超过20万,政务微博在传播主流声音和提供权威、准确的政务信息方面发挥着越来越重要的作用。

中国林业微博是推进信息化建设的又一重要成果,旨在汇聚林业智慧,传播林业信息,推动生态民生。自建立以来,秉持"及时性、真实性、权威性"的原则,广泛倾听民声民意,及时回应社会关切,打造了具有巨大行业影响力的微博群体。目前,新浪、人民、新华、腾讯等四大主流门户均已开通"中国林业发布"官方微博,并已策划多期微访谈、微直播、微话题活动,发布微博28000多条,粉丝数达70

多万人，社会影响力与日俱增（图 2-36）。

图 2-36　中国林业发布微博首页

二、微信

微信是一款集文字、语音、图片、视频等沟通方式的移动互联网交互通信工具。从 2011 年 1 月 21 日诞生至今，在最初的即时通信软件的基础上增加了诸多的拓展功能，且许多功能都以插件的形式存在，

用户可以选择是否使用。截止到 2016 年 7 月，已经拥有 4 亿用户，月
活跃账户数达到 2.47 亿，公众号 200 万个。微信公众平台于 2012 年 8
月 23 日正式上线，已成为微信的主要服务之一。近八成微信供用户关
注了公众账号。企业和媒体的公众账号是用户主要关注的对象，它们
的占比达到 73.4%。用户关注微信公众账号的主要目的是为了获取资
讯、方便生活和学习知识。其中获取资讯为微信公众账号最主要的用
途，比例高达 41.1%。

中国林业网于 2014 年 5 月和 10 月，相继开通了"中国林业网"官
方微信订阅号和公众号，订阅号主要发布林业重要信息，服务号主要
提供政策和查询服务。权威发布林业重大决策部署和重要政策文件，
重点工作进展、重要会议及活动等政务信息。截至 2016 年 6 月，粉丝
数达 29000 多人，发布图文消息 1800 多条，"权威发布"、"林业知识"
等特色栏目点击量超过 10000 人次，有效地扩大了林业的社会影响，
让更多的人了解林业、关注林业、参与林业(图 2-37)。

图 2-37　中国林业网微信公众平台

三、微视

微视是腾讯旗下短视频分享社区。作为一款基于通讯录的跨终端跨平台的视频软件,其微视用户可通过 QQ 号、腾讯微博、微信以及腾讯邮箱账号登录,可以将拍摄的短视频同步分享到微信好友、朋友圈、QQ 空间、腾讯微博。

2014 年 11 月,中国林业网微视账号正式开通,借助腾讯微视平台,将林业行业重要事件、重大会议以微视频的形式向公众发布,同时展现我国美丽的森林、湿地、荒漠生态系统和丰富的生物多样性资源,希望借助这一平台,为公众提供更加丰富的林业信息,定期发布林业视频,新发布的一系列反映基层国有林场和国有林区的视频内容,得到公众好评(图 2-38)。

图 2-38 中国林业网微视首页

四、移动客户端

政务移动客户端（APP）是基于手机、pad 等移动终端开发的政府信息服务软件。相对于微博、微信，移动客户端更注重于提供各类在线服务和各类在线功能。通过下载访问政务 APP，公众可以查询政府公开信息，了解办事流程，在线提交办事请求，追踪办件状态，随时随地便享"智慧政务"。

2013 年 8 月，中国林业网移动客户端正式上线，2014 年 10 月中国林业网移动客户端 2.0 升级完成，扩大了中国林业网服务范围和对象，提供了基于地理位置的在线服务，使公众可以更方便地通过移动互联网获取林业政务的应用服务，成为移动电子政务时代推行政府信息公开、服务社会公众、展示林业形象的新渠道。

中国林业网移动客户端分为首页、林业概况、信息公开、服务查询和热点专题 5 个板块。在首页，用户可以获取最新图片信息，可以根据个人喜好添加需要的信息模块，打造自己的个性化页面。林业概况板块提供了国家林业局领导信息和内设机构信息、中国林业发展报告、中国林业发展规划和中国国土绿化状况公报等重要文件报告。信息公开板块收录了包括最新资讯、公示公告等栏目在内的主要内容，其中林业移动超市模块整合了林业系统已经上线的移动应用和 wap 版手机网，使用户了解地方林业情况有了更多渠道。服务查询板块内设了国家林木良种基地查询、国家木材运输证真伪查询、林业专家信息查询、办事指南查询、审批结果查询、林业科技成果查询等服务，为用户随时随刻提供在线服务。热点专题板块汇集了全国爱鸟周活动、3·12 植树节、集体林改、中国林业物联网、中国林业云等 10 个专题。同时，在提高原有服务功能的基础上，增加了基于地理位置服务功能，可随时查询周围森林公园的地理信息、联系方式等信息，并可规划用户到办事地点的最佳路线（图 2-39）。

图 2-39 　中国林业网移动客户端

第三章
内容维护

准确发布政务信息，及时公开政策文件，全面提供在线服务，快速回应公众关切，是提升政府网站公信力和权威性的重要保障。近年来，国务院办公厅印发的一系列文件，都对政府网站内容建设提出了具体要求，对各类信息和事务的更新和办理时间作了明确规定。中国林业网主站和各站群通过明确职责分工，加强信息维护，完善信息审核，保证了中国林业网建设保障工作的顺利推进。本章将对网站内容维护的内涵、信息采编与核发以及后台使用方法进行介绍。

第一节　职责分工与维护要求

一、职责分工

国家林业局信息办负责中国林业网主站运行维护、信息内容策划和发布工作；负责国家林业局重大活动、重要工作等的信息发布和专题制作工作；负责国家林业局在线访谈和在线直播的录制和发布工作；配合国家林业局各单位做好在线服务、意见征集和留言回复工作。

国家林业局各单位负责本单位子站及中国林业网主站相关栏目信

息内容维护工作，并及时向国家林业局信息办报送信息；根据业务分工，负责主站、子站及微博、微信平台有关在线服务、留言回复、意见回复等在线咨询服务工作；通过撰写文章、在线访谈等形式，对本单位发布的重大政策和重要规划进行解读；负责网络社会关切问题的回应，及时、正确引导网络舆情。国家林业局各单位子站信息员，承担与国家林业局信息办日常联络和信息报送工作，并按照中国林业网内容维护职责分工（表3-1）将中国林业网主站各栏目信息内容建设责任落实到人。

各省级林业主管部门负责本辖区内林业信息收集、整理和上报工作；参与中国林业网在线服务和互动交流栏目的内容维护和信息服务工作。各市县级林业主管部门负责子站日常内容维护工作，负责向上级单位报送信息。各专题子站管理部门负责子站日常内容维护工作，负责向上级单位报送信息。

表3-1 中国林业网内容维护职责分工

编号	单位名称	子站名称或专题	主站栏目（提供信息）
1	办公室	专题：厅局长会议	领导专区、林业概况（林业基本情况、林业大事记）、政府文件
2	政法司	全国林业行政执法人员管理网	政策法规、行政审批
		在线办事：全国林业行政执法人员管理系统	
3	造林司（绿化办）	国家林业局造林绿化管理司、中国森林健康网、中国林业应对气候变化网、中国林业生物质能源网	造林绿化、林业产业、有害生物、林业概况（国土绿化公报）
		专题：3·12植树节专题、世界森林日专题	
4	资源司（监督办）	国家林业局森林资源管理司	资源管理、林业概况（林业资源）
		专题：森林资源清查专题、国有林场和国有林区改革专题	
		在线办事：全国木材运输证真伪查询系统	

（续）

编号	单位名称	子站名称或专题	主站栏目（提供信息）
5	保护司	国家林业局野生动植物保护与自然保护区管理司	生物多样性、林业产业、疫源疫病、林业概况（林业资源）
		专题：国家公园专题	
		在线办事：陆生野生动物疫源疫病监测系统	
6	林改司	国家林业局农村林业改革发展司	集体林改、林业产业
		专题：集体林权改革专题	
7	公安局（防火办）	国家林业局森林公安局	公安动态、森林防火
8	计财司	发展规划与资金管理司、现代林业产业网	政府采购、规划与资金、林业产业、林业概况（林业基本情况、年度发展报告、林业分析）
		专题：生态红线专题	
		在线办事：国家林业局林业建设项目管理系统	
9	科技司	中国林业科技网	科学技术
10	国际司	国家林业局国际合作司（对外合作项目中心）	国际合作
		英文版网站	
11	人事司		人事教育、机构设置
12	机关党委、机关工会	专题：国家林业局青年联合会	机关两建
13	老干部局		机关两建
14	服务局		机关两建
15	信息办	国家林业局信息化管理办公室	最新资讯、公告图解、信息快报、社会关注、领导专区、林业概况（林业基本情况、信息公开报告、林业大事记）、热点专题、热点信息、政府文件、电子政务、在线审批、在线访谈、在线直播、建言献策
		专题：林业信息化	

（续）

编号	单位名称	子站名称或专题	主站栏目（提供信息）
16	场圃总站	国家种苗网、中国林场信息网、中国森林公园网	林业产业
		专题：油茶专题、国有林场和国有林区改革专题	
		在线办事：良种基地查询系统、已审定良种查询系统、国有林场林木种苗和森林公园数据库	
17	工作总站	国家林业局林业工作站管理总站	
18	基金总站	国家林业局林业基金管理总站	
19	宣传办	关注森林网	生态文化、在线直播（新闻发布会）
20	濒管办	中国濒危物种进出口信息网	生物多样性（物种进出口）
21	天保办	国家林业局天然林保护工程管理中心	天然林保护
22	三北局	中国三北防护林体系建设网	防护林建设
23	退耕办	中国退耕还林网	退耕还林
24	治沙办	中国荒漠化防治网	防沙治沙、重大沙尘暴、林业概况（林业资源）
		在线办事：沙尘暴灾害应急处置短信平台	
25	世行中心	国家林业局世界银行贷款项目管理中心	林业产业
26	科技中心	科技发展中心（植物新品种保护办公室）	科学技术
27	经研中心	国家林业局经济发展研究中心	林业概况（林业分析）
28	人才中心	中国绿色人才网	人事教育
		在线办事：专业技术资格申报系统	
29	合作中心	国家林业局国际合作司（对外合作项目中心）	国际合作

（续）

编号	单位名称	子站名称或专题	主站栏目（提供信息）
30	湿地办	湿地中国	湿地保护、林业概况（林业资源）
31	林科院	中国林业科学研究院	
32	规划院	国家林业局调查规划设计院	
33	设计院	国家林业局林产工业规划设计院	
34	林干院	国家林业局管理干部学院	人事教育
35	报　社	中国绿色时报	图片信息、图书期刊
36	出版社	中国林业出版社	图书期刊
37	竹藤中心	国际竹藤中心	林业产业
38	林学会	中国林学会	
39	中动协	中国野生动物保护协会	
		专题：爱鸟周专题	
40	花　协	中国花卉协会	林业产业
41	中绿基	中国绿化基金会	造林绿化
42	中产联	中国林业产业联合会	林业产业
		在线办事：林业产业年鉴数据上报系统	
43	碳汇基金	中国绿色碳汇基金会	
44	各专员办	森林资源清查成果	资源管理
45	森防总站	中国森防信息网	有害生物
		在线办事：森林医院	
46	北航总站	国家林业局北方航空护林总站	
47	南航总站	国家林业局南方航空护林总站	
48	南京警院	南京森林警察学院	
49	华东院	国家林业局华东林业调查规划设计院	
50	中南院	国家林业局中南林业调查规划设计院	

（续）

编号	单位名称	子站名称或专题	主站栏目（提供信息）
51	西北院	国家林业局西北林业调查规划设计院	
52	昆明院	国家林业局昆明勘察设计院	
53	乌鲁木齐专员办	国家林业局驻乌鲁木齐森林资源监督专员办事处 中华人民共和国濒危物种进出口管理办公室乌鲁木齐办事处	
54	治沙学会	中国治沙暨沙业学会	
55	建设协会	中国林业工程建设协会	
		在线办事：全国林业调查规划设计单位资格认证管理系统	
56	经济林协会	中国经济林协会	
57	政研会	中国林业政研会	
58	各地林业部门、有关单位	本单位门户网站	地方动态

注：最新资讯、司局动态、在线服务、互动交流等综合栏目或专题由国家林业局各司局、各单位共同维护。

二、维护要求

近年来，各级政府积极适应信息技术发展、传播方式变革，运用互联网转变政府职能、创新管理服务、提升治理能力，使政府网站成为信息公开、回应关切、提供服务的重要载体。但一些政府网站也存在内容更新不及时、信息发布不准确、意见建议不回应等问题，严重影响政府公信力。2015 年 3 月，国务院办公厅专门印发通知，在全国范围内部署开展政府网站普查工作，并下发政府网站普查要求。各维护单位要按照全国政府网站普查要求，认真做好中国林业网及子站内容维护工作，确保各项要求落到实处，全面提升中国林业网的权威性和公信力。具体维护要求如下：

1. 首页栏目每两周信息更新总量不得少于 10 条。

2. 网站动态、要闻类信息 2 周内必须更新。

3. 通知公告、政策文件类信息，6 个月内必须更新。

4. 人事、规划计划类信息，1 年内必须更新。

5. 机构设置及职能类信息必须准确。

6. 严重错别字、虚假或伪造内容、反动、暴力、色情等内容不得存在。

7. 调查征集和互动访谈活动，门户网站不少于 6 次，其他政府网站不少于 3 次。

8. 办事指南，包括事项名称、设定依据、申请条件、办理材料、办理地点、办理时间、联系电话、办理流程等，缺一不可。

第二节　网站信息采编与核发

一、信息概述

（一）基本内涵

政府网站信息是指由政府机关采集，并通过政府网站发布的行业职能、经济、社会管理以及公共服务相关的活动情况或数据方面的信息，其主要任务是反映政务工作本身的进展情况、政策解读情况、回应关切情况、数据开放情况、舆论引导情况等，既为社会各界提供信息服务，也使社会公众对政府部门当前的工作有所了解，中国林业网的信息也是如此。

（二）基本分类

随着政府网站的不断发展，为满足社会公众日益增长的需求，政府网站信息已由最初的文字信息逐渐增加到图片信息、视频信息、图解信息等形式。根据中国林业网所展示出来的各类信息，大体可以分为以下4种形式。

1. 文字信息。最为常见的网站信息形式，通过文字来表达政府信息内容，篇幅不受限制，既可以是200字左右的短信息，也可以是上万字的论文，一般分为.txt，.doc，.docx等形式。

2. 图片信息。通过以单张或一组图片来展示，可以是会场照片、调研抓拍，也可以是记录照片、人像摄影等，可以更直观传递政府事物信息。一般分为.gif，.jpg，.png等形式。

3. 视频信息。通过一段视频来记录发生的政府事件或经过编辑后的专题信息，视频信息包含信息量更大，但制作起来较为复杂。一般分为.rmvb，.mov，.mpeg，.mp4等形式。

4. 图解信息。用图形来分析和讲解，对重要会议、重要政策、重要讲话等，通过一组图形，让公众能够更快速直观了解核心内容。

（三）基本要求

政府网站信息工作是一项严肃的工作，具有很强的政治性、政策性和全局性，总的来说，基本要求可以用6个字概括：新、实、准、快、精、全。

1. 新。即信息所反映的情况必须是最近发生的。一般来说，网站信息报送时间限定在发生3天以内，部分特别重要但是不能及时发布的信息可以酌情延长至1周左右。

2. 实。一是反映的事件必须真实；二是事件发生的程度，在语言表述上必须实事求是，不能有任何虚构的事实和夸大或缩小的情况发生。

3. 准。采集的网站政府信息力求准确无误，如反馈各类政务活动的信息，包括时间、地点、人物、事情经过，特别是涉及的领导职务一定要准确。

4. 快。网站信息采编人员发现有价值的信息素材就要立即进行采集，并进行综合、加工，快速进行报送。

5. 精。在保证信息质量的前提下，通过信息写作人员的加工、整理，使其质量和形势升华达到要求。一是要根据决策需求和重点工作，在吃透情况的基础上，拿出有分析、有观点、有建议的信息；二是要从一般反映事物表面现象的低层次信息中，归纳并整理出深层次信息，实现信息从低层次到高层次的升华和增值。

6. 全。政府网站信息除了要重视信息自身内容外，基本要素也要完善，包括信息来源、作者等要素。

（四）做好政府网站信息工作应该具备的理念

1. 政府信息无小事的理念。政府网站是政府部门在互联网上履行职能、面向社会公众提供在线服务的官方网站，政府网站信息必须体现出及时性、准确性和权威性，稍有差错，都可能会影响政府部门的公信力和权威。

2. 主动融入部门中心工作的理念。一是需要及时了解和掌握相关核心业务工作，将工作中需要让公众了解的内容或者事项及时编辑发布。二是要发动各单位各部门力量，及时反映各自相关政务事项，保障网站信息全、快、准。

3. 质量为本的理念。应该牢固树立"质量为本"的理念，从政府网站信息采集、编辑、审核等环节入手，对网站信息的要素、格式等内容严格把关，提升网站信息建设水平。

二、信息采集

网站信息采集是信息工作的第一道"工序"，也是一项基础性的工作。信息采集工作直接影响和决定着整个信息工作的质量和效益。重视信息采集工作是提高信息写作质量的关键。

按照中国林业网的不同板块和不同栏目划分，各类信息主要来源

有以下几类：

（1）党中央、国务院的信息。党中央、国务院在中国政府网发布的各类政策文件、重要会议动态等。这类信息是对各项工作的部署和要求，具有很强的针对性和时效性，常常对工作产生重要影响，必须注意采集。

（2）主流媒体及其他部委信息。人民网、新华网、中新网、光明网等主流媒体发布各类林业信息，各部委各省级政府部门发布的涉林政府信息。

（3）各地各单位上报信息。中国林业网采用信息报送机制，各地各单位都是通过报送邮箱，将各自的重要会议召开情况、重要工作推进程度、重要活动举办情况等重要信息报送至工作人员。

（4）其他重要信息。为让社会公众通过中国林业网及时了解各类信息，从政治、经济、文化等方面，采集重要信息，并在网站展示。

在收集信息时，一是要注意信息是否涉密，一定要避免发生泄密。二是要符合国家有关法律法规和方针政策，把握好内容的基调、倾向、角度，突出重点，放大亮点。三是要注意信息是否适合在网上发布，是否会产生不良影响，谨慎掌握敏感问题的分寸，确保信息内容真实、客观、准确、及时。

对于内部信息和下级信息，中国林业网已经形成了一套报送采集机制，在报送信息时，应注意以下事项：

（1）将每条信息单独保存为纯文本格式（.txt）作为邮件附件，如一次报送多条信息，用压缩软件打包后作为邮件附件；

（2）将信息标题作为文件名（××省××县……）；

（3）每个纯文本文件中都要包括标题、单位、正文；

（4）如有图片，图片文件名应与所对应的纯文本文件名一致，并调整图片大小，宽度不超过 700 像素；

（5）注意信息时效性，杜绝出现月报或者半月报的情况；

（6）在信息结尾写明作者（要落实到个人）。

三、信息编写

（一）基本原则

一是符合格式要求的原则；二是符合法规和政策规定的原则；三是符合真实性原则；四是简洁精炼的原则；五是领导审核把关的原则；六是注意保密的原则。

（二）基本要求

在编写网站信息时，对于文字、图片、视频类信息，在内容上要把握以下总体要求：

1. 文字信息。一是网站信息反映的事情要集中，论述的观点要集中，组织的材料要集中。同时还要注意观点要新、内容要新、角度要新。二是信息编写要注意导语、背景、主体、结尾要全面。同时，采用正三角型原则，按重要性顺序采写，这条对网站信息来说尤其重要。三是网站信息内容都比较严肃，要求语言必须同其他公文一样端庄、郑重、平实。信息内容必须写得一清二楚，十分准确，要做到用词准确，词句简练，得体通顺，让人不折不扣地了解信息的本意。四是对事实的陈述要清楚明白，不能模棱两可或拖泥带水，要杜绝不核实事实就轻易下笔和含糊其辞的做法。要选用适当和适量的材料叙述事实、说明观点、摆出问题、提出建议。

2. 图片信息。一是内容真实。政府网站的图片信息往往是放在比较显眼或者重要的位置，容易受到关注，因此真实性是最重要的。任何较为明显的 PS 等行为，都容易弄巧成拙，直接影响政府网站公信力。二是明确重点。图片信息一定要找准需要反映的内容，如人物图片，如果是单人照，正面一般比侧面要好一些。如果照片中不止一人，则需要将重点反映的人物放在中央或者显著位置。三是大小得当。由于是在网站发布，因此过大或者过小的图片信息都是不合格的，过大会导致打开较慢或者打不开，过小会使图片无法看清，影响阅读。

3. 视频信息。一是内容清晰。一般来说，视频信息分为标清和高清两种。由于种种限制，标清还比较多。但有时因为后期制作等原因，往往导致视频质量较差，直接影响观看。二是定位准确。好的政府网站视频信息，应该能快速反映出主要内容和次要内容的区别。三是音效合适。目前多数视频信息都是经过编辑，有些配音和背景声音都处理的很合适。但也有一些存在声音忽高忽低、背景声音吵杂等情况，直接影响到信息本来的质量。

4. 图解解读。一是内容准确。图解是为了让公众能够对一项政策，一个文件或者一个会议的重要内容有所了解，因此一定要做到内容明确，能够正确反映出重点内容。二是简单易懂。制作图解就是为了让公众能够快速了解，因此一定要将内容形象易懂，方便公众理解。三是篇幅合适。高质量的图解应该将篇幅控制在合理范围，太长可能没人会看，太短可能无法表达出完整内容。

四、审核发布

政府网站信息审核发布是保证网站信息质量的重要环节，是信息正式发布前的最后一道防线。按照"谁主管谁负责"、"谁审核谁负责"、"谁发布谁负责"的原则，严格执行审核程序，特别是要做好信息公开前的保密审查工作，防止失泄密问题发生，杜绝出现政治错误及内容差错。结合中国林业网信息审核发布工作实际，要注意以下一些具体问题。

（一）关于领导活动的信息

首先，审核领导的职务、姓名时，一定检查是否完整并且是否准确无误，要避免使用"视察"、"亲临"、"重要讲话"等字样。在审核信息时，要注意信息应以工作内容为主，提出的要求、建议和对某项工作的评价要避免口语化，不能带有过多的感情色彩。同时，避免报道领导提出的要求某部门、单位进行政策倾斜、资金支持等的内容。涉及中央领导同志的信息要更加注意，一般应以新华社、人民日报的报道为准。

发布领导讲话要经过相关人员、部门审核，确认是否可以发布，不能仅根据现场记录或录音整理后就直接发布。如报道领导在会议上的讲话精神，要注意是否有不宜公开的内容，一定要使用规范的语言，不能口语化。

（二）关于重要会议的信息

审核重要会议信息时，要注意召开会议的单位或部门，会议的时间、地点、参加人员，会议的议程和主要议题是信息的重点。例如，召开会议贯彻落实上级会议精神的信息，一般包括以下内容：会议召开的时间、地点，贯彻的具体精神，参加会议的领导、人员，会议的主要安排、内容，贯彻具体采取的措施。会议作出的决定和采取的措施是报道会议信息的重点，对只笼统的写与会人员提高了认识，决心做好工作这类信息应提出修改。

（三）关于出台规定或者部署某项工作的信息

为了规范或开展某项工作，各单位会制定一些规章制度，或下发通知要求开展某项工作。审核这类信息时，要注意信息不能简单的把规章制度或者通知的正文部分照搬过来。信息稿是使领导和社会公众对某项工作有所了解，审核时要注意将命令式的语气转变成报道的口气。

（四）对突发事件类的信息

信息审核时一定要确定是否可以向社会公开，如果是可以公开的，要注意反映事件的真实面貌，不能夸大或缩小，更不能弄虚作假，以免造成不良的社会影响。同时，重大事件还应该及时请示上级领导，避免出现舆情问题。

（五）要严格执行领导审核、签发的制度

按照审核流程，所有政府网站信息都要在采编完成后，根据信息内容，上报主管领导审阅，在领导审核、签发后才能向上一级单位报送。

（六）信息内容要紧贴林业工作

信息审核时，对城市绿化、创建"园林城市"或者农业、社保等方面的信息，报送贯彻落实省级以下各类会议精神、各单位之间考察学习、发生检疫性病虫害、具体案件查处以及涉及信访、维稳等工作的信息和县级以下单位的信息，应慎重使用。同时，还要注意信息是否围绕单位的中心工作，突出特点。

（七）信息安全要求

网站信息审核发布严格把握"涉密信息不上网，上网信息不涉密"的原则，层层把关，凡未经审核的信息严禁上网发布。如信息是转载内容，应遵守国家和省、市的有关规定。被转载的网站应是国家、省、市的政府网站，以此保证所转载信息的真实性、权威性。门户网站应依据《中华人民共和国保守国家秘密法》、《互联网信息服务管理办法》和《互联网电子公告服务管理规定》等有关保密的法律、法规，建立健全网站信息安全管理制度，坚决杜绝有害信息的扩散，严禁涉密信息上网，防止泄露国家秘密。发布的信息不得含有下列内容：一是违反宪法所确定的基本原则；二是危害国家安全，泄露国家秘密，煽动颠覆国家政权，破坏国家统一；三是损害国家的荣誉和利益；四是煽动民族仇恨、民族歧视，破坏民族团结；五是破坏国家宗教政策，宣扬邪教，宣扬封建迷信；六是散布谣言，编造和传播假新闻，扰乱社会秩序，破坏社会稳定；七是散布淫秽、色情、赌博、暴力、恐怖或者教唆犯罪；八是侮辱或者诽谤他人，侵害他人合法权益；九是法律、法规禁止的其他内容。

第三节　网站后台使用办法

一、中国林业网主站

中国林业网主站后台信息发布系统是基于 java 技术和 B/S 结构的一款网络内容管理系统，界面优美，操作方便，安全可靠，运行稳定。

（一）用户登录

在浏览器地址栏内输入 CMS 后台访问地址，登录后进入系统界面，如图 3-1。

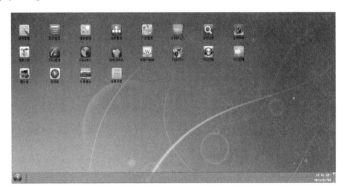

图 3-1　系统界面

（二）信息管理

信息员主要操作的一个板块，主要包括信息的新建、复制、删除、移动、撤稿、排序等基本功能。信息这里特指发布的文章、链接、图片、附件等内容。栏目的类型分为信息发布型、链接型、软件下载型、虚拟栏目型、政务公开栏目类型这五种类型。

1. 信息发布型模块。任意点击一个信息发布型的模块，如图 3-2。

（1）信息界面功能。包括两部分：基本界面和扩展信息界面；发布普通的信息在基本信息界面输入标题和内容，点击发布即可；内容

图 3-2　信息发布界面

可以通过 word 功能按钮区进行编辑、修改，如引用内置的模板、插入图片视频、链接附件等。

信息发布界面包括以下栏目：标题，新建文章的标题；内容体标题，新建文章的内容体标题；副标题，新建文章的副标题；关键字，输入关键字查询相关文章，选择不超过 5 篇文章作为此文章的相关推荐；标题图片：带有图片的标题，以上传的方式操作；标题附件：填写外链地址或上传附件，与访问地址搭配使用；文章来源：文章的出处；文章作者：文章的编辑者；过期日期：设定文章的失效日期，没有特殊规定不用填写；发布时间：文章的发布日期；文章摘要：文章的精简概要信息（图 3-3）。

（2）信息发布列表。包括转发、移动、撤稿、删除、导出（word、zip）等功能。置顶：将这条信息放到所有信息的最顶端；取消置顶：点击此选项取消置顶；置顶序号：按从大到小排序；内容序号：按从小到大排序。

2. 链接型模块。创建和存放的是链接型信息，适用于网站页面上的友情链接、栏目链接列表等格式的信息。包括以下栏目：链接名称，链接的标题名称；链接地址，需要链接到的 IP 地址或域名；图片地

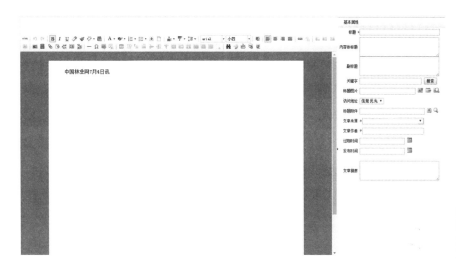

图 3-3　信息发布界面

址，图片的上传地址；排序编号，编号大小决定此信息在信息列表中显示的先后位置；链接页面打开方式，分为当前窗口打开和新窗口打开；字母导航，用于页面字母导航(图 3-4)。

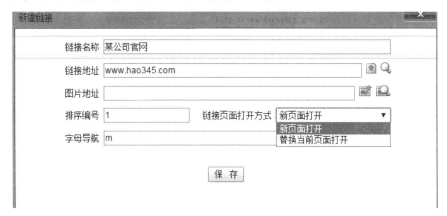

图 3-4　链接型栏目界面

3. 虚拟型栏目。编写 sql 语句设定查询条件，取出的信息存放在这个虚拟栏目下。

4. 政务公开栏目。政务公开栏目创建和存放的是政府文件，界面如图 3-5。

图 3-5　政务公开栏目界面

二、中国林业网子站

建立统一管理、统一部署、统一标准、统一规范的网站群，可以有效节约资源、降低成本。中国林业网站群按照五个统一的原则，为各单位建站提供了硬件设施、软件系统、安全防护措施、域名解析服务，实现了各站群核心应用一体化，数据管理平台统一化。各建站单位可以利用该系统运行维护本单位网站，还可以自定义个性化功能。下面，以乡镇林业网站群信息发布后台为例，介绍子站群后台使用方法。

后台发布系统主要包括栏目管理、信息发布、用户管理、角色管理、菜单管理、页面设计器等功能模块（图 3-6）。下面主要介绍信息发布和用户管理功能。

（一）信息发布

以工作动态为例具体讲解信息发布中的如何新建信息、编辑信息、删除信息的具体操作。

1. 新建信息。首先在编辑界面，填写信息标题、内容简介、作者、信息来源、选择需要静态的页面等信息，然后编辑正文内容，最

图 3-6　后台发布系统界面

后点击"保存信息"按钮，完成后的信息默认是"未发布"状态，选择这条信息，点击发布即可（图 3-7）。

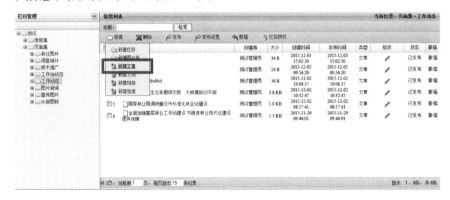

图 3-7　新建信息

2. 修改信息。选择工作动态栏目，在信息列表中点击修改，跳转到编辑信息的界面（图 3-8）。

3. 删除信息。在工作动态的信息列表中，可以对发布的信息进行删除的操作（图 3-9）。

119

政府网站建设

图 3-8　修改操作

图 3-9　删除操作

（二）修改密码

点击右上角的设置可以进入到密码修改页面，系统提供了为登录用户修改密码的功能，密码初始为默认与用户名相同，用户登录后可以根据情况进行对密码的修改管理。

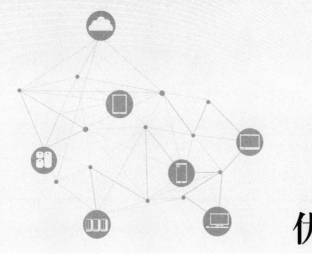

第四章
优化升级

随着大数据、社交媒体、智能移动终端等新技术的不断出现，互联网信息传播规律发生了新变化，公众期望了解和参与政府决策也有了新需求，对全球政府网站发展产生了深刻影响。尤其是党的十八届三中全会提出，"必须切实转变政府职能，加快构建服务型政府，提高政府为经济社会发展服务、为人民服务的能力和水平"，对政府网站建设提出了更高要求。围绕服务型政府建设，中国林业网以用户需求为导向，通过实时感知用户需求，主动为公众提供便捷、精准、高效的服务，全面提升国家林业局网上公共服务的能力和水平，不断提升网站互联网影响力，建成了基于大数据分析的智慧政府门户，进入中国林业网4.0阶段。

第一节　结构功能优化

一、结构调整

通过系统分析，结合网站内容供给与网站用户需求，梳理网站用户体验问题，并为出现的相关问题提供针对性的提升建议。聚合各方

面各维度的提升建议，形成结构调整建议库，提供随时查询与索引提升建议的功能，切实保障网站服务效能的可持续提升。

（一）科学规划网站首页区块设计

网站首页中，重点分析网站用户需求热点，规划设计网站首页区块。提升点击集中的栏目区块在首页的权重，将其放置于首页的醒目位置。遵循用户的访问习惯，依照"从上至下，从左至右"用户注意力分布递减的规律来组织页面内容。

（二）在网站首页设置热点服务区

选择用户搜索关注较多的内容，设置热词推荐或首页热点服务区栏目。

（三）通过动态标签技术提高首页用户需求能力

在网站运行过程中，通过一定时间的数据监测，定位热点标签，通过合理的标签设置满足用户需求，提高网站响应用户需求的能力。

（四）提高网站重要页面技术可用性

区分可点击与不可点击的按钮/区域的样式。充分考虑用户使用习惯，减少用户误点击情况，同时保证不出现可点击按钮不可点击的状况。尽量避免冗余、不必要的设计细节，做到简洁、大气。

（五）提高网站页面显示的分辨率兼容性

通过数据分析了解网站用户常用分辨率的分布，在针对主要分辨率用户进行设计的同时，兼顾其他较为常用的分辨率用户。条件允许的情况下，探索开发网站页面显示分辨率自适应技术，设计 3 个版本首页，根据用户分辨率情况动态调整首页显示效果。

对中国林业网过去一年数据分析发现，网站用户最常用的 3 种分辨率分别是 1366 * 768、1440 * 900 和 1024 * 768。建议在设计首页时，以 1366 * 768 分辨率用户为主要设计目标用户群体，同时兼顾 1440 * 900 和 1024 * 768 用户使用效果。

近年来，网站多频分辨率自适应技术日益普及，可适应不同类型终端用户访问。在新版网站首页设计中，采用区块分割技术，便于用户通过平板电脑、手机等终端访问时，网站首页界面能够自动变化显示序列。

（六）提高网站页面在主流浏览器中的技术兼容性

确保在网站用户最常用的浏览器中不出现首页功能区块无法显示、页面区块错位、技术按钮失效等兼容性问题。

（七）优化站内搜索入口设计

优化站内搜索入口设计，如使用与周围网页元素颜色对比较为强烈的搜索按钮吸引用户注意力等。有效提高用户使用站内搜索的便捷度、站内搜索使用率以及用户满意度。

（八）提高站内搜索入口的可用性

提供站内搜索相关词推荐功能。用户在站内搜索文本框中输入检索词时，自动显示与当前搜索词相关的检索词推送用户使用。提供站内搜索词错别字识别功能，如"您要找的是不是……"等，有效提高网站用户站内搜索的查全率与查准率。

（九）提供搜索结果分级分类显示功能

在搜索结果显示页面中加入搜索结果按照栏目、用户群体、职能部门、主题等分类功能，提高用户浏览搜索结果的效率。

（十）提高搜索结果显示细节的用户体验效果

在搜索结果页提供多种结果排序等一系列的搜索结果显示细节的优化与丰富，便于用户在搜索结果中进行快速有效的二次筛选查找，提高网站用户使用站内搜索的结果命中比率与用户体验效果。

（十一）围绕站外需求热点优化搜索引擎可见性

围绕站外需求热点组织开展相关搜索引擎优化工作，扩充该类信息在网站关键词描述中的比例，提升信息公开和在线服务类信息在搜索引擎渠道上的可见度，使用户更加方便地搜索到所需网站。

在今后的网站建设与设计当中，加强信息公开和在线服务板块的

内容维护与可见性优化，以便充分满足用户的需求，提供更好的用户体验。

（十二）面向站内需求热点优化站内搜索有效度

在网站用户体验优化方面，着力提升站内搜索有效度，增强站内搜索结果中有关信息公开等相关信息的精准呈现力度，保障用户需要的信息能通过站内搜索功能及时找到。

林业概况作为中国林业网的专有内容，用户需求相对较高，除提升该类信息的站内搜索有效度外，还可加强相关专栏建设，突出特色服务，满足同类用户的信息需求，提升用户体验水平。

（十三）基于访问规律优化网站内容组织

数据表明，用户对网站的访问在时间分布上具有一定规律。因此在网站日常运维中，应结合用户逐日、跨日以及跨周的访问规律，做好相关内容组织工作。选择网站用户访问的高峰时段做好网站重要信息的推送工作、相应的硬件准备以及人员配备，以在不同时间段应对不同的网站流量，最大效率的做好网站运营。

（十四）不同类别用户的访问质量优化

挖掘网站新用户的需求，组织相关内容服务，协调供给迎合用户需求。而对于老用户而言，在保持现有服务的基础上，通过精准推送等措施进一步提升其访问质量，从而提升网站用户的整体访问黏度。

（十五）基于网站栏目关系动态调整网站栏目体系

将网站栏目用户需求相似度分析和栏目用户关联规则分析模型固化到网站后台程序中，自动调整栏目页面相关导航内容，有效提升网站用户的访问黏度。形成网站栏目关系分析的常态化机制，开展网站栏目用户需求相似度和栏目用户跳转关系分析，根据不同时间段的栏目关系，动态调整网站栏目之间的智能导航和相关推荐机制。

（十六）结合栏目用户需求动态调整栏目服务定位

在网站后台程序中，将网站栏目用户需求热点探测模型、网站栏目需求分布以及需求满足度分析模型固化。通过实时数据监测，动态监测近期网站用户的热点需求，发现网站栏目中需求满足度较低的栏目，向网站管理部门发出提示，便于网站后台编辑人员及时调整工作定位，不断提升栏目内容的用户体验度。

二、功能优化

（一）建设大数据云中心

国家林业局在全国林业政府网站群广泛部署数据采集代码后，建成国内首个覆盖副省级以上行业政府网站大数据分析云中心。仅仅经过半年时间积累，林业系统网站群大数据分析云中心就已累计采集超过1670万人次的有效访问数据，沉淀了187万个用户站内外搜索关键词、2017万个页面访问记录和2.1万个来源访问渠道数据，数据总量已超过2T。目前，该云中心已成为国内规模最大、数据最齐全、分析功能最强大的行业网站群运行大数据分析中心，为后续各项工作顺利开展奠定了坚实的数据基础。

林业大数据分析云中心的建设旨在解决当前林业行业网上服务和决策分析缺乏对互联网用户需求的掌握、缺乏对总体服务情况的了解等现状，运用云计算、大数据、数据仓库和智慧挖掘等先进技术手段，建设覆盖中国林业网站群的政府网上服务用户行为基础数据采集技术体系，将数据整合并处理后存储到云数据平台上。在云数据平台之上，搭建林业政府网站智能分析应用系统，并针对网站群数据分析处理功能需求，基于大数据挖掘分析技术和数据仓库技术，定制开发数据分析中间件，提供面向中国林业网站群数据的多维度自由剖析功能，充分挖掘网站用户访问数据，精准识别广大用户真正需求，掌握其需求意愿表达和访问行为的内在规律，为后期网上服务改进、决策分析工作奠定数据基础。同时，通过建设林业大数据云中心，提高面向全国林业系统政府网站相关信息的集成、精准、实时绩效管理能力和网上

公共服务效能水平，充分体现政府网站数据支撑的重要性，有力提升了全国林业政府网站发展的科学化、集约化水平（图 4-1）。

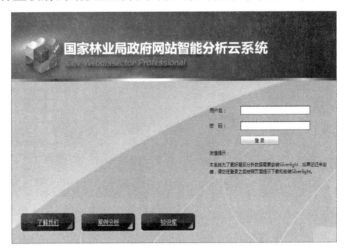

图 4-1　林业政府网站智能分析应用系统示意图

（二）构建智慧决策系统

随着中国林业网的发展进入 4.0 阶段，国家层面全国林业系统互联网治理"一盘棋"的格局初步形成，林业政府网站、林业政务微博微信、林业移动政务门户等互联网主流信息渠道协同配合力度空前加强，以精准感知需求、科学改进服务、落实统筹管理和辅助科学决策为主要内容的智慧化发展路径成为未来发展趋势。

先期建成林业系统网站大数据分析云中心，有效提升了林业政府网站在建设中精准感知需求、科学改进服务的能力，但该云中心服务于具体林业政府网站，在落实林业系统网站群统筹管理，综合调度和辅助科学决策方面表现乏力。为进一步贯彻落实《国务院办公厅关于进一步加强政府信息公开回应社会关切提升政府公信力的意见》（国办发〔2013〕100 号）和《中国智慧林业发展指导意见》（林信发〔2013〕131号）等文件要求，充分发挥云计算、大数据等新技术优势，国家林业局在全国范围内建成首例面向全国林业系统政府网站群和互联网主要信息传播渠道的行业大数据智慧决策支持系统——中国林业网智慧决策系统（图4-2）。

图4-2　中国林业网智慧决策系统示意图

（三）完善无障碍通道

中国林业网政务信息无障碍系统于2014年11月建成，2015年6月进行升级改版。系统包括无障碍功能引擎、语音服务引擎、智能分析引擎、信息无障碍网关、验证码语音技术等主要模块，完善了中国林业网的信息无障碍服务体系，形成了良好的信息无障碍交流社会环境，使信息无障碍的应用技术成为中国林业网公共服务智能化的提升点，加快推进了中国林业网政务信息无障碍系统化建设步伐，提升了中国林业网公共服务能力，让所有人共享林业各类信息为残疾人等弱势群体提供信息服务工作，使他们能享受到互联网带来的信息盛宴。

（四）建设林业领域垂直搜索引擎

为适应智慧林业发展，打造搜索智能、信息全面、渠道先进、用户喜欢的中国林业智能化搜索平台，最终实现对中国林业网主站、横向站群、纵向站群及特色站群各类信息的智能搜索服务，大大提升林业信息服务水平。中国林业网智能搜索平台为用户提供7×24小时智能在线搜索和智能应答服务，以信息采集与管理、信息检索系统、信息搜索分类、知识管理平台为核心功能，通过资讯、政策法规、核心

业务、实用技术、相关搜索、热点搜索、猜您关心、图片、视频、数据、应用、最近热点等 12 种分类维度进行检索，最终构建出统一的智能搜索平台提供检索服务。

（五）建立网站信息面向社交媒体的推送机制

媒介是政府公共关系的要素之一，媒介的选择对政府公共信息的传播起着重要的作用。政府生来就处于社会公共关系之中，尤其是现代服务型政府建设，政府对民意的重要性毋庸置疑，某种程度上政府与公民的关系决定着政府能否合法存在，政府公关的存在发挥了这个作用，收集民意、管理舆情、政民互动、危机管理，媒体在其中发挥着重要功能。

媒介的类型有很多种，传统媒体如报纸、杂志等属于单向传播媒介，而社交媒体具有互动性、内容公开性等特点，使得社交媒体具备了双向传播的特点。基于这些特点，网站应充分利用"用户资源"，在网站信息与用户之间架起一座桥梁，使得用户不仅可以在国家林业局门户网站上获取信息，更可以将中国林业网发布的权威信息方便、快捷的发布到各个社交媒体平台中，正如美国政府网站部署了社会化分享按钮，通过用户的分享提高信息传播力。目前，中国林业网已经部署了"阳光分享"社会化分享插件，自部署社会化分享插件以来效果显著，中国林业网信息在各类社交媒体平台上被分享了 686 次，有 565 人次通过分享链接回访到中国林业网。

（六）面向各类社会化文库平台同步网站信息

目前，互联网上兴起了很多社会化文库类平台，如百度文库、豆丁网、道客巴巴等。百度文库是百度发布的供网友在线分享文档的平台。网友可以在线阅读和下载这些文档。豆丁网是全球优秀的 C2C 文档销售与分享社区，每天都有数以万计的文档会上传到豆丁。而道客巴巴则是一个专注于电子文档的在线分享平台，用户在此平台上不但可以自由交换文档，还可以分享最新的行业资讯。

由于这些平台权重较高，其文档在搜索结果中可以获得较高的排名。可将网站重要信息同步上传到各类平台中，一是将中国林业网的信息在多个渠道上进行传播，提高信息的传播力度；二是保证网站信息在搜索结果中占据有力的位置，将用户的点击范围控制在与政府网站内容相关的页面上；三是提高政府网站的品牌传播力。

第二节　页面设计优化

用户体验（user experience，简称 UE）是从产品设计的人机工程学发展过来的，早期的产品设计领域，用户最先关注的是产品的功能性，也就是通常所说的可用性。当产品设计发展到一定程度，人们开始关注产品的易用性，同时非常强调用户使用过程中的心理感受，即用户体验。简而言之，用户体验是用户在特定条件下与产品进行交互时所获得的所思、所感、所想。用户体验将落脚点放在了对用户的理解上，主要关注如何吸引用户到网站中来、如何引导用户在网站中做些事情、提供何种体验。积极的用户体验能够给网站、产品或服务带来信誉和盈利能力，增强用户的回访意愿、购买意愿、满意度和产品的口碑；反之，消极的用户体验则带来不利的影响，并降低用户的回访意愿、购买意愿、满意度和产品的口碑。因此，关注用户体验的设计对网站来说是至关重要的环节，而用户体验的重中之重就是网站的页面设计。

一、页面美化

（一）设计风格顺应国际主流趋势

新版中国林业网顺应时代发展要求，借鉴发达国家和国内领先政府网站建设经验，采用扁平化设计理念，界面简约清新、图文动静结合，利用横板替代垂直滚动的竖版设计，通过标签式切换功能，实现了"一屏视全站"的效果，更加直观大气，使浏览者具有流畅的视觉体验。

【案例一】中国林业网通过"一屏视全站"的效果，增强用户体验（图4-3）。

图4-3 中国林业网"一屏视全站"

(二)科学规划网站首页区块设计

网站首页中，通过对用户点击行为的统计分析，对用户点击较为集中的栏目内容进行重点加强，将其规划放置于网站首页的醒目位置，满足网站用户的访问需求，提高其体验效能。

【案例二】中国林业网首页页面布局较为合理，在首页提供了基于不同维度划分的多种导航，页面设计简洁高效，能够在一屏的有限区域内满足不同着眼点用户的访问需求（图4-4）。

(三)完善全站栏目导航体系

Logo作为网站形象的代表，应设置于醒目位置，遵循网站用户的视觉访问习惯。良好的Logo设置会起到标识网站特征、加深网站品牌形象的作用。

图 4-4　中国林业网走进林业首页

【案例三】中国林业网的品牌 Logo 设置在页面的左上角，遵循网站
Logo 设置惯例。点击 Logo 区域会显示 Logo 标识设计的理念与寓意，
加深网站用户对国家林业局形象的直观印象，增进对国家林业局文化
理念的了解（图 4-5）。

图 4-5　中国林业网 Logo

（四）提高网站导航标签内容的规范性和可用性

局部导航即栏目导航，用于导航定位特定栏目中的内容。页面导
航区应尽量突出栏目内容，便于用户了解栏目内容定位，提高网站页
面导航区的导航效率。网站页面的导航标签文字应当简洁明了、易于
理解，尽量采用用户习惯或政府网站通用的语言，避免造成用户不理
解或误导用户的问题。

【案例四】中国林业网栏目导航的建设区块位置摆放合理、简洁明晰、全站风格统一，访问界面设计使用户易读易用。此外，根据业务类型的不同，设置了个性化的栏目导航(图4-6)。

图4-6　中国林业网栏目导航

(五)站内搜索入口优化设计

站内搜索入口优化设计能够有效提高用户使用站内搜索技术功能的便捷度，站内搜索使用率和用户满意度。

【案例五】由于部分网站用户习惯于通过站内搜索直接进入查找的内容页，站内搜索词是最能直观反映网站用户需求的数据之一。中国林业网的站内搜索设置在首页顶部，采用留白设计，简洁美观，有效提升了站内搜索入口的视觉吸引力(图4-7)。

图4-7　中国林业网全局导航

二、栏目整合

政府网站栏目配置和优化是切实满足用户需求，提升网站用户体验的重要组成部分，它是网站服务的载体，是服务内容与服务形式的组合。根据中国林业网用户访问行为数据和需求的相似度分析，对栏目进行重新调整对比栏目在实际功能定位和内容主题上的差异性，根据不同情况提出相应解决对策。

（一）根据最新板块设置，调整相应栏目

新增加的专题文化板块，突出展示中国林业网热点专题和生态文化。根据这一特点，将中国林业网首页的热点专题栏目和走进林业板块的绿色标识、形象展示、历史上的今天、图书期刊栏目，移动到专题文化板块。

（二）根据页面功能，调整相应栏目

信息发布板块中，政府文件和政策法规栏目一直是公众点击量和访问量比较高的栏目，移动到走进林业板块，可以更好地展示林业政策。在信息发布板块中，设置了林业各项核心业务和信息公开专栏，按照《政府信息公开条例》，规划、资金、政府采购等栏目都应该放入信息公开部分，因为对这些栏目进行调整，统一归入了政府信息公开专栏。

（三）根据用户需求，调整相应栏目

在线服务板块，林业行政审批、全周期服务、在线服务平台栏目等，是为公众提供在线服务的主要渠道。对办事事项不够突出的，重新设计调整了这些栏目。将林业行政审批和全周期服务有机结合，重新设计栏目，简化了场景式服务事项，将用户最常用的各项应用系统、服务页面前置，既方便了用户浏览使用，也突出了在线服务板块的整体服务能力。

同时，中国林业网进一步增强与用户互动的功能，充分运用新媒体技术，使新增的"林业新媒体"栏目涵盖了中国林业网官方微博、微博发布厅、微信号、移动客户端，并覆盖全终端、全系统，努力走向"全媒体"、"一站通"新阶段，方便公众随时随地了解林业行业信息、享受在线服务，建成了基于新媒体的政务信息发布和互动交流新渠道。

第三节　可见性优化

网站可见性优化，是指通过优化网站在搜索引擎上的信息展示方式和展示深度，提升网站信息互联网传播能力的一类技术。当前，互联网正经历深刻变革的历史阶段，搜索引擎、社会化媒体、网络新闻媒体等传播渠道的发展，对网民的信息获取行为方式产生了深刻影响。为提升中国林业网信息公开能力、社会公众关切响应能力和互联网重大舆情引导能力，主动融入互联网生态圈，形成政府网站、互联网企业和网民和谐共生的良好局面，中国林业网进行了一定程度的可见性优化。

一、用户行为模式

搜索引擎是从互联网上大规模搜集信息，在对信息进行组织和处理后，为用户提供检索服务并展示相关信息的信息系统总称。由于搜索引擎在一定程度上满足了当今信息爆炸时代人们准确、便捷地找到所需信息的迫切需求，因此已成为当今互联网用户必不可少的使用工具，深刻改变了互联网用户的信息获取方式。据第 35 次中国互联网络发展状况统计报告显示，截至 2014 年 12 月，我国网民使用搜索引擎的比例已达 80.5%，搜索引擎已成为用户最主要的信息获取渠道。从信息传播的角度看，搜索引擎模式下的用户行为呈现出以下两个基本特点：

首先，搜索引擎与社交网络和即时通讯工具相比，尽管其用户群体规模相当，但是搜索引擎是一种全局性应用，一条信息被搜索引擎收录，马上就会被使用搜索引擎的千百万网民同时看到。而即时通讯和社交网络工具中信息的传播与搜索引擎相比，其信息传播的范围相对受局限，传播速度也不会像搜索引擎那样瞬间扩散。正因如此，随着当今搜索引擎日益成为互联网的主流应用，以及其特殊的用户行为模式，使得搜索引擎已经成为影响互联网信息传播的关键环节。可见顺应"搜索为王"的时代特征，积极开展依托搜索引擎渠道的林业信息传播工作，是当前提升林业行业传播能力的重要抓手。

其次，在搜索引擎模式下，用户访问行为呈现出明显的"去中心化"趋势。在前搜索时代，用户更多通过页面导航、收藏夹或直接输入网址等方式来到网站的首页，并逐层向下寻找信息，因此网站首页是用户获取信息的关键节点。而在搜索引擎模式下，网民在搜索引擎上输入关键词时，搜索引擎会将用户导引到搜索引擎所收录的相应的具体服务页面上去。这样，绝大多数网民会被搜索引擎直接导引到网站底层的具体内容页面上去，而不再像以前那样主要通过首页逐层向下寻找信息(图4-8)。

图4-8　百度搜索首页

二、搜索引擎原理

搜索引擎(search engine)是指根据一定的策略、运用特定的计算机程序搜集互联网上的信息，在对信息进行组织和处理后，为用户提供检索服务的系统。在互联网发展的初期是没有搜索引擎的，但是随着互联网上信息的增多，搜索引擎出现了，它不但解决了互联网发展中的瓶颈，帮助用户及时地检索到所需的信息，更在互联网领域创造了一个又一个的奇迹。

（一）第一步：爬行

搜索引擎是通过一种特定规律的软件跟踪网页的链接，从一个链

接爬到另外一个链接，像蜘蛛在蜘蛛网上爬行一样，所以被称为蜘蛛（spider）也被称为机器人（bot）。搜索引擎蜘蛛的爬行是被输入了一定的规则的，它需要遵从一些命令或文件的内容。为了提高爬行和抓取速度，搜索引擎都是使用多个蜘蛛并发分布爬行。蜘蛛访问任何一个网站时都会先访问网站根目录下的 robots. txt 文件，如果 robots. txt 文件禁止搜索引擎抓取某些文件或者目录，蜘蛛将遵守协议，不抓取被禁止的网址。所以 robots. txt 文件对一个网站来说是至关重要的。

（二）第二步：抓取存储

搜索引擎是通过蜘蛛跟踪链接爬行到网页，并将爬行的数据存入原始页面数据库。其中的页面数据与用户浏览器得到的 HTML 是完全一样的。搜索引擎蜘蛛在抓取页面时，也做一定的重复内容检测，一旦遇到权重很低的网站上有大量抄袭、采集或者复制的内容，很可能就不再爬行。

（三）第三步：预处理

搜索引擎蜘蛛抓取的原始页面，并不能直接用于查询排名处理。搜索引擎数据库中的页面数都在数万亿级别以上，用户输入搜索词后，如果靠排名程序实时对这么多页面分析相关性，计算量太大，不可能在一两秒内返回排名结果。因此抓取来的页面必须经过预处理，为最后的查询排名做好准备。搜索引擎将蜘蛛抓取回来的页面，进行各种步骤的预处理，具体如下：

提取文字。搜索引擎预处理首先要做的就是从 HTML 文件中去除标签、程序，提取出可以用于排名处理的网页文字内容（还包括 META 标签中的文字、图片替代文字、锚文字链接等）。

中文分词。这一步在中文搜索引擎中才会用到。中文分词一般分为两类：字典匹配、基于统计。

字典匹配。将待分析的一段汉字与一个事先造好的词典中的词条进行匹配，在待分析汉字串中扫描到词典中已有的词条则匹配成功，或者说切分出一个单词。

基于统计。分析大量文字样本，计算出字与字相邻出现的统计概率，几个字相邻出现越多，就越可能形成一个单词。

去停止词。搜索引擎在索引页面之前会去掉一些停止词，如："的"、"地"、"得"之类的助词，"啊"、"哈"、"呀"之类的感叹词，"从而"、"以"、"却"之类的副词或介词。

消除噪声。搜索引擎需要识别并消除噪声，排名时不使用噪声内容，基本方法是根据 HTML 标签对页面分块，区分出页头、正文、页脚、广告等区域，在网站上大量重复出现的区块往往属于噪声，对页面消噪后剩下的才是页面的主体内容。

去重。同一篇文章经常重复出现在不同网站及同一个网站的不同网址上，搜索引擎并不喜欢重复性的内容，搜索引擎希望只返回相关文章的一篇，所以在索引前还需要识别和删除重复内容，这个过程就称为"去重"。

正向索引。搜索引擎索引程序将页面及关键字形成词表结构存储进索引库，每个文件都对应一个文件 ID，文件内容被表示为一串关键词的组合。实际上在搜索引擎索引库中，关键词也已经转换成为关键词 ID，这样的数据结构就称为正向索引。

倒排索引。搜索引擎将正向索引数据库重新构造为倒排索引，把文件对应到关键词的映射转换为关键词到文件的映射。

特殊文件处理。搜索引擎有时也会抓取除 HTML 文件以外的文件，如：PDF、Word、WPS、XLS、PPT、TXT 文件等。在搜索结果中也经常会看到这些文件类型。但搜索引擎还不能处理图片、视频、Flash 这类非文字内容，也不能执行 JS 脚本和程序。

（四）第四步：排名

用户在搜索框输入关键词后，排名程序调用索引库数据，计算排名显示给用户，排名过程是与用户直接互动的。但是，由于搜索引擎

的数据量庞大，虽然能达到每日都有小的更新，但是一般情况下，搜索引擎的排名规则都是根据日、周、月阶段性不同幅度的更新。

三、可见性优化应用

目前，国外电子政务发达国家，如美国、英国、加拿大等都采取相关技术手段，提高网站信息在搜索引擎上的收录比例，并确保用户在搜索引擎上查找相关信息时，网站信息能够出现在搜索结果比较靠前的位置，有助于更加充分地发挥政府网站海量信息服务的互联网影响力。国外学者把这一技术称作网站可见性（website visibility）优化技术。

网站可见性优化，是指通过优化网站在搜索引擎上的信息展示方式和展示深度，提升网站信息互联网传播能力的一类技术。国外学者早在2005年前后就开始大规模关注这一问题，保罗·沃特斯等从技术角度，对不可见网络（invisible web）开展实证分析，研究指出网站信息的可见性具有高度不稳定性，并且受制于特定的网络条件以及搜索特征等。在此基础上，米柳斯·韦德曼等对网站导航结构如何影响网站可见性的研究进行了回溯分析，并出版了网站可见性研究的奠基之作——《网站可见性：提高排名的理论与实践》（图4-9）一书。在政府网上服务领域，很多研究者也对可见性优化问题进行了研究。如伊恩·霍利迪在谷歌、MSN和雅虎等搜索引擎平台上测试了东亚、东南亚共16个国家政府网站相关信息出现在检索结果前10位的比例，作为政府网站可见性的评估指标。受此启发，加州大学洛杉矶分校的珍妮特·卡雅也对肯尼亚、坦桑尼亚和乌干达3个东非国家的98个政府部门网站进行可见性测评，发现它们的可见性平均水平为32%。

目前，网站可见性优化技术已经成为国外政府网站优化信息传播方式、提升服务效能的重要手段。早在2005年，美国联邦政府就成立了政府网站可见性优化专业委员会，并在各级各类政府网站管理部门

图4-9 《网站可见性：提高排名的理论与实践（英文版）》封面

中设有专人负责可见性优化工作。在联邦政府推动下，美国各城市政府网上服务也普遍开展了可见性优化工作。如纽约市2011年发布的《走向纽约的数字未来》报告中指出，来自谷歌等主流搜索引擎（图4-10）的用户来源占到全站50%之多，并专门提出了重建纽约市政府网站、提高面向海内外用户服务能力的任务，将开展搜索引擎可见性优化列为重点工作。可见性优化工作的开展，能够帮助网站逐步提高政府信息资源的互联网影响力，充分发挥网站海量信息资源的服务效能，树立互联网时代政府尊重市场、取信于民、贴近公众的新形象。

139

图4-10 谷歌搜索首页

四、国外可见性优化

目前，世界各国均不同程度地意识到提高政府网站在互联网中的影响力的重要性。美国、澳大利亚等国家还为此成立了专门机构，并通过颁布政策指导性文件等方式，推进政府网站互联网文化引导力建设的相关工作。

（一）主要做法：开展政府网站可见性优化专项工作

1. 美国。美国政府一向高度重视并大力提升政府网站在互联网中的影响力。2004年，按照2002年颁布的《电子政府法》（e - Government Act of 2002）要求，美国政府信息机构间委员会（ICGI）成立了一个跨部门协同机构，即美国政府网站内容管理者工作组（后来改名为联邦政府网站管理者协会），主要负责为联邦政府网站建设提供指导和政策建议。该组织下设9个分会。其中搜索与可见性优化分会（Search/SEO Sub - Council）的主要目标，就是提高美国政府网站所收录的各类信息资源在各大搜索引擎中的表现水平，并在全美政府网站中推广电子商务网站可见性优化中的最佳案例，从而达到不断提升美国政府网站在互联网中影响力的目的。

该机构的主要职责包括5个方面：一是提高联邦政府所拥有的各种网络资源，包括数据集合和多媒体信息等在搜索引擎中表现的成功策略。二是帮助政府开发站内搜索工具，并总结推广最佳实践经验。

三是为所有对政府网站可见性优化相关技术感兴趣的政府职员提供在线讨论社区。四是调研各类对于提高美国政府网站可见性具有重要作用的商业和开源搜索引擎的技术与功能特征。五是通过招募志愿者等方式，帮助各类搜索引擎提高其在检索政府信息时的可用性。

2. 澳大利亚。近年来，澳大利亚政府也将提升政府网站在互联网中的公众影响力作为政府信息公开工作的重要内容。2010 年成立的澳大利亚信息专员办公室（Office of the Australian Information Commissioner, OAIC）发布的第一份政策报告《澳大利亚政府信息政策导引》中，提出了政府信息公开的十大原则，其中第四条"可得信息原则"（Findable Information）中指出，要想使政府信息成为重要的国家资源，就应当让政府网站上公开的所有信息能够被互联网用户很方便地寻找到。为了达到这一目标，该报告进一步提出要求，要在政府网站中"应用搜索引擎优化策略，以确保所有政府公开信息能够被搜索引擎收录"。

受该报告影响，澳大利亚很多部委，如澳大利亚交通安全委员会（ATSB）、澳大利亚海事局（AMSA）等在随后制定的本部门信息公开方案中，均将开展网站搜索优化列为本部门推进信息公开工作的重要任务之一。澳大利亚交通安全委员会 2010 年 8 月最新发布的《信息公开方案》中，明确提出将设计一个更加亲和于搜索引擎规则的元数据框架，作为交通安全委员会推进信息公开工作的重点任务之一。此外，ATSB 还在该方案中介绍了拟采用的可见性优化技术工具，如 Funnelback 的索引工具和 Umbraco 网站内容管理系统等。

3. 英国。为帮助英国政府部门网站管理者、内容编辑和元数据管理者们提升英国政府网站在各大搜索引擎上的表现水平，英国中央信息署（Central Office of Information, COI）于 2010 年制定并发布了《搜索引擎优化指南》（指南编号：TG123）。该指南指出，目前政府网站的设计者总是倾向于假设网站用户首先访问网站首页，并通过网站的导航系统一步步浏览信息，但事实情况是，大多数用户是通过谷歌、雅虎

等搜索引擎直接到达网站具体内容页面的，因此当前政府网站亟需开展搜索引擎可见性优化工作。

该指南是目前见到的全球首份官方发布的政府网站搜索优化的专门指导文件，并从如何确保政府网站信息被搜索引擎收录、如何确保用户能够使用自己的语言在政府网站中检索到所需信息、如何提升政府网站在搜索引擎中的排名等方面，对政府网站的可见性优化工作提出了系统性的指导意见。

4. 其他国家。除欧美发达国家之外，一些发展中国家的政府网站主管部门也认识到优化政府网站的搜索引擎可见性，增加政府网站在互联网文化传播中的影响力的积极意义，并由相关部门制定和发布了详细的建设标准和技术规范。例如 2009 年，印度通信和信息技术部下设的印度国家信息中心发布了《印度政府网站建设指南》，其中设立专门一节内容介绍政府网站的可见性优化问题。明确指出，政府网站应当"确保所提供服务的关键词搜索结果排在主流搜索引擎检索结果的前 5 名"，并提出 7 条提高政府网站信息可见性的具体操作建议，包括对网页标题、关键词和描述信息的规范化要求、网页标签设置，关键词密度优化、政府网站交换链接等方面。

（二）实际效果：取得了互联网舆论引导的主导权

1. 利用政府网站在互联网树立国家领导人形象。目前，充分发挥政府网站作用，树立领导人形象，已经成为国际上比较通行的做法。美国政府一直高度重视政府网站的可见性优化工作。人称"网络总统"的美国总统奥巴马就十分重视搜索引擎、网络视频、博客等网络宣传工具对于社会公众的舆论引导力。2008 年总统竞选时，奥巴马投在网络广告上的支出占了美国当年所有互联网政治广告的 50%，远超其他候选人的总和；而在网络营销费用中，82% 的资金则被投入到了搜索引擎，仅在谷歌、雅虎等几个网站上便投入了近 800 万美元的广告。当时奥巴马竞选班子购买了各种热点话题的付费搜索，网民在搜索

"油价"、"伊拉克战争"和"金融危机"等敏感关键词时，谷歌的付费信息推送栏就会向用户介绍奥巴马对这些热点问题的观点评论，从而有助于人们更好地了解这位竞选人。

奥巴马上台后，美国政府更是高度重视国家领导人在互联网中的搜索引擎可见性。在谷歌搜索"President Obama"，结果中来自政府网站和奥巴马个人网站的链接信息占据了搜索结果前 5 位中的第 2、3、4 条。第 5 条信息则是来自奥巴马家乡的《芝加哥论坛报》网站建设的奥巴马信息专区。此外，在页面中部的图片区，也均显示了精心选择的奥巴马总统个人图片，这些图片也大多来自美国白宫等官方网站。这样，通过一系列搜索优化措施的配套开展，美国政府能够完全保证各大搜索引擎渠道获得国家领导人信息的用户，所看到的信息均为官方设计好的正面宣传信息（图 4-11）。

再比如，在谷歌上搜索现任英国首相戴维·卡梅伦和俄罗斯总统普京时，其返回结果的首页同样是经过精心优化的。例如，英国首相卡梅伦的返回结果首页中，出现了卡梅伦的个人主页、推特（Twitter）、脸谱（Facebook）等链接，还有英国首相官邸制作的首相个人专题栏目的链接。首页上的其他信息也都是来自 BBC、英国卫报等主流新闻媒体的领导人报道专题。可以看出，英国政府在领导人信息可见性优化方面打了一套组合拳，通过将领导人的各方面相关信息同时推送到搜索结果首页上，一方面确保搜索结果的首页出现的各种信息都是官方可控的正面、积极信息；另一方面，也很好地展示了领导人亲民的新形象，尤其是个人微博等信息，更是能够很好地迎合西方国家网民的兴趣爱好（图 4-12）。

2. 政府网站充分利用搜索引擎传播国家政策。2005 年以来，英国连续遭到多次恐怖主义袭击，因此英国政府高度重视反恐工作。为阻止不法组织利用国际互联网招募恐怖主义分子和犯罪分子，英国国家安全和反恐办公室（Office of Security and Counter–Terrorism）专门投入

Barack Obama - Wikipedia
https://en.wikipedia.org/wiki/Barack_Obama ▾
Barack Hussein Obama II is an American politician who served as the 44th President of the United
States from 2009 to 2017. He is the first African American to ...
Early life and career of Barack · Michelle Obama · Ann Dunham · Barack Obama Sr.

Barack Obama (@BarackObama) | Twitter
https://twitter.com/barackobama ▾ 翻译此页
15.5K tweets • 2067 photos/videos • 91.5M followers. "Health ca
bigger than politics: it's about the character of our country.

奥巴马总统
的个人推特

Barack Obama - U.S. President, Lawyer, U.S. Senator - Biography.com
https://www.biography.com/people/barack-obama-12782369 ▾ 翻译此页
2017年6月1日 - Learn more about President Barack Obama's family background, education and
career, including his 2012 election win. Find out how he ...

The Office of Barack and Michelle Obama
https://www.barackobama.com/ ▾ 翻译此页
Welcome to the Office of Barack and Michelle Obama. We Love
Barack and Michelle Obama. © 2017 | Legal & Privacy.

奥巴马总统
的个人主页

Barack Obama - Home | Facebook
https://www.facebook.com/barackobama/ ▾ 翻译此页
It's helped grow our economy and cut our total carbon pollution more than any other country on
earth." —President Obama Watch the weekly address.

Barack Obama - The New York Times
www.nytimes.com/topic/person/barack-obama ▾ 翻译此页
News about Barack Obama. Commentary and archival information about Barack Obama from The
New York Times.

Barack Obama - U.S. Presidents - HISTORY.com
www.history.com/topics/us-presidents/barack-obama ▾ 翻译此页
On November 4, 2008, Senator Barack Obama of Illinois was elected president of the United States
over Senator John McCain of Arizona. Obama became the ...

Barack Obama | whitehouse.gov
https://www.whitehouse.gov/1600/presidents/barackobama ▾
Barack Obama served as the 44th President of the United State
values from the heartland, a middle-class upbringing in a ...

白宫官方网站上的
奥巴马总统个人简历

BarackObamadotcom - YouTube
https://www.youtube.com/user/BarackObamadotcom ▾ 翻译此页

精心选择的
奥巴马总统
的个人照片，
大部分来自
政府网站

更多图片

图 4-11　谷歌搜索奥巴马总统的返回结果首页

图 4-12　谷歌搜索英国首相卡梅伦的返回结果首页

预算资助一些温和的伊斯兰团体网站开展搜索可见性优化工作，以提高这些网站的用户流量，并降低激进的恐怖组织网站的排名，从而在互联网上占据主动。英国内政大臣雅集·史密斯声称，通过搜索引擎优化工作的开展，英国政府能够帮助温和的穆斯林组织网站信息占据互联网搜索主导地位，从而最大限度地降低个人用户通过搜索引擎工具接触极端恐怖主义信息的可能性。

正是通过持续不断的搜索优化工作的开展，目前英国政府网站在国际反恐领域的舆论引导力空前提高。在谷歌上搜索"英国反恐"的相关信息，可以发现排在搜索结果首页中来自政府网站的信息占据了一半之多，且其他位置的信息也都来自英国政府可控的网站（图4-13）。

Google England counter terrorism 🔍

全部　图片　新闻　视频　地图　更多　　　　　设置　工具

找到约 925,000 条结果 （用时 0.50 秒）

National Counter Terrorism Security Office - GOV.UK
https://www.gov.uk/government/.../national-counter-terrorism-security-
The National Counter Terrorism Security Office (NaCTSO) is a police unit
and prepare' strands of the government's counter terrorism ...

【英国内政部国家安全和反恐办公室首页】

Counter-terrorism - GOV.UK
https://www.gov.uk/government/policies/counter-terrorism ▼ 翻译此页
From: Home Office, Foreign & Commonwealth Office, and Ministry of Jus
doing about counter-terrorism. Subscribe to email alerts.

【英国反恐动态】

UK counter-terrorism strategy back in focus after London attack ...
https://www.theguardian.com › Politics › Counter-terrorism policy ▼ 翻译此页
2017年3月23日 - Policy review will propose major expansion of controversial deradicalisation
programme Prevent.

Who are the British Counter-Terrorism police, what do they do, are ...
https://www.thesun.co.uk/.../british-counter-terrorism-police-armed-attacks/ ▼ 翻译此页
2017年6月5日 - TERRORISTS beware as there is a new breed of super cops who are on duty 24/7 to
keep Britain safe from terror attacks like the deadly attacks ...

Counter Terrorism | United Kingdom | British - Elite UK
www.eliteukforces.info › articles ▼ 翻译此页
An article outlining the various counter terrorist units with the United King
forces.

【英国反恐精英部队首页】

England counter terrorism的图片搜索结果

→ 有关"England counter terrorism"的更多图片　　　　　举报图片

图 4-13　谷歌搜索英国反恐信息的返回结果首页

为提高政府网站权威信息对于互联网舆论和用户网络使用行为的影响力，宣传本国政府的重要政策，西方国家政府还会付费购买比较重要的搜索关键词，并在付费位置刊登政府网站的官方指导信息。如美国联邦司法部药品管理局下设的药物转移管制网站（www. deadiversion. usdoj. gov）曾专门在谷歌上购买了药物维柯丁（Vicodin）的关键词。用户在谷歌检索"Vicodin"时，在谷歌搜索结果的付费位置上就会显示联邦司法部药品管理局的提示："在线购买药品可能涉及犯罪"（Purchasing Drugs Online May Be A Crime）（图4-14）。

California law: illegal selling or possession of vicodin / hydrocodone
www.shouselaw.com/vicodin.html ▼ 翻译此页
In this article, our California Vicodin and drug crimes defense attorneys address ... California's "possession or purchase of a controlled substance for sale" law. ... DUI of Vicodin can be a crime even if you only took Vicodin in accordance with a ...

Ohio Drug Offense FAQs - Columbus Criminal Defense Attorneys ...
https://www.columbuscriminalattorney.com/drug.../frequently-asked-questio... - 翻译此页
You may be charged with drug possession in Ohio if you knowingly have an ... may be charged if you have a prescription drug, such as Xanax, Valium, or Vicodin, ... you may be charged with illegal purchase of precursor chemicals, which can ...

DEA Diversion Control Division - Consumer Alert
https://www.deadiversion.usdoj.gov/consumer_alert.htm ▼ 翻译此页
DEA Warning – Purchasing drugs online may be illegal and dangerous ... such as narcotic pain relievers (e.g., OxyContin®, Vicodin®), sedatives (e.g., Valium®, ...

Legal to Buy Prescription Drugs Online? - Law and Daily Life
blogs.findlaw.com/law_and.../legal-to-buy-prescription-drugs-online.html ▼ 翻译此页
2013年10月3日 - Buying prescription medications online may be a good way to save a nickel, ... Common prescription drugs like Vicodin, Oxycontin, and Xanax are all ... a doctor's prescription is essentially participating in an illegal drug deal.

What are the penalties for illegal possession of prescription drugs?
thelawdictionary.org/.../what-are-the-penalties-for-illegal-possession-of-pres... ▼ 翻译此页
Illegal possession of prescription drugs may be committed in several ways such as altering ... that are prohibited to be possessed by unauthorized individuals which include Vicodin, Xanax, ... Is it Legal to Buy Prescription Drugs from Canada?

Selling Prescription Drugs | LegalMatch Law Library
www.legalmatch.com › ... › General Criminal Law › Drug Crimes ▼ 翻译此页
2016年5月20日 - Once a person's prescription runs out, they may switch to heroin or illegally-sold prescription drugs that contain opiates. Thus, illegal sales of ...

图4-14　美国联邦政府购买的付费关键词

3. 政府网站充分利用搜索引擎进行突发事件的舆论引导。搜索引擎是网民了解互联网突发事件具体情况时的首选工具，通过开展政府网站可见性优化工作，使得重大突发事件发生时，来自政府网站的正

147

面信息最大限度地占据搜索引擎首页甚至首屏，是政府网站提升其在互联网中舆论引导力的一个重要方面。近年来，在应对重大事件时，欧美国家的政府网站可见性优化工作屡屡大显身手。

2011 年 8 月，美国爆发了火鸡绞肉产品引发的"海德堡"沙门氏菌疫情，导致全美数百人感染并导致一人死亡。事发后，相关公司宣布回收其在 2011 年 2 月 20 日至 8 月 2 日期间生产的 3600 万磅火鸡绞肉产品，被媒体称为史上最大的食品回收案。事发后，美国媒体纷纷质疑美国农业部现行的沙门氏菌检测标准不够严格，以及美国食品药品管理局（FDA）与农业部之间协作沟通等问题。

为应对这一公共食品安全突发事件，美国农业部、美国疾病预防控制中心、美国食品药品管理局等政府机构均于第一时间在其政府网站上开设了相关专栏，谷歌等搜索引擎借助各个政府网站所开展的可见性优化工作，很快收录了相关政府网站的信息，并且给这些网页赋予了很高权重。用户想通过搜索引擎了解"海德堡"沙门氏菌疫情相关情况时，出现在搜索结果首页首屏的大部分信息均来自相关政府网站。通过这种方式，美国政府最终成功地控制了各种负面信息和谣言在搜索引擎上的传播。

五、我国林业网站可见性优化

（一）适应搜索引擎时代信息传播规律，开展网站可见性优化

为顺应搜索引擎时代互联网信息传播规律，应尽快转变政府网站的建设模式，从过去政府网站"等你来看、等你来办"的被动状态，转向"向你发布、为你办事"的主动状态，大胆探索各种新技术和新方法，全面提高政府网站的服务水平和互联网影响力。充分吸收欧美发达国家政府网站建设的成功经验和做法，以网站可见性优化工作为抓手，不断提升政府信息资源在互联网信息传播中的引导作用。

一般来说，由政府主导建设的政务门户网站原创信息比例很高，

这是网站获得良好搜索引擎可见性的基础，只要通过适当的优化工作，就能够在短期内大幅提高政府网站的搜索引擎可见性。具体工作包括两个目标：首先，使各级政府网站被主流搜索引擎的收录量大幅提升；其次，提高政府网站信息的搜索结果排名，使网民可以在搜索相关信息时，在搜索返回结果的前3页找到政府网站上提供的权威、官方信息，提升用户查询信息的用户体验。

各级政府网站掌握了大量一手、权威、官方信息资源，理应在提升国际竞争力方面发挥龙头作用。为此，加强组织领导和统筹协调，面向全球主流搜索引擎和主要欧美国家的特色搜索引擎，逐步开展全国林业行业政府网站的可见性协同优化工作，推动横向区域政府网站系统和纵向各级政府网站系统一体化整合，在全国范围内分步有序推进省、市、县各级网站的整体可见性优化工作。通过各级政府网站之间的信息资源深度整合、智能链接、站群互链等技术手段，形成"群体作战"的优势，从整体上提升全国林业行业政府网站的互联网影响力，有效树立中国政府网站的国际形象和品牌影响力。

（二）中国林业网可见性优化成效

可见性优化工作开展以来，中国林业网的信息收录量和资源利用率显著提升，可见性优化工作卓有成效。以下主要从页面收录情况、用户着陆页情况、搜索关键词情况3个方面来看具体的工作成效。

1. 网站信息搜索引擎收录提高。通过对部分可见性问题的优化，中国林业网在搜索引擎上的收录比例已有大幅提升。如图4-15所示，2012年11月，中国林业网被百度和谷歌搜索引擎收录的网页数分别为28.9万条和40.3万条，到2013年9月中国林业网在上述两个搜索引擎上的收录量分别达到62.8万条和48.9万条，提升比例分别为117%和21.33%（图4-15）。

2. 网站信息资源的利用率明显提高。可见性优化的提高，有效提升了中国林业网信息资源利用率。从网站的着陆页个数来看，中国林

业网的着陆页个数增长较多，增速较快。如图 4-16 所示，中国林业网
着陆页面数在 2013 年 9 月份为 7.74 万，相比 2012 年 11 月增长了
23979 个，增长率为 53.41%。

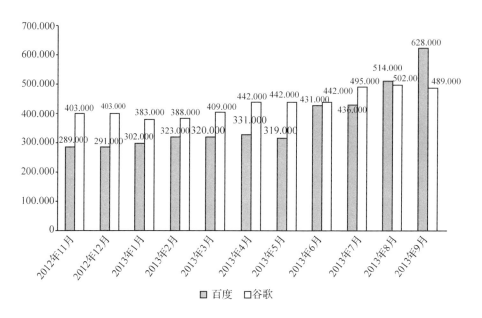

图 **4-15** 　中国林业网收录增长趋势（单位：条）

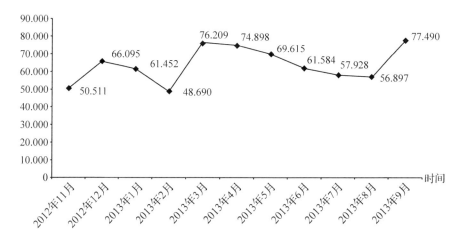

图 **4-16** 　中国林业网用户着陆页面数量（单位：次）

3. 网站来源搜索关键词数量增长。在系统监测期内中国林业网搜索关键词在 2012 年 11 月为 9.7 万个。从图 4-17 可以看出，中国林业网搜索关键词数量不断增加的趋势，2013 年 9 月份较 2012 年 11 月相比，搜索关键词的数量增加了 2881 个。

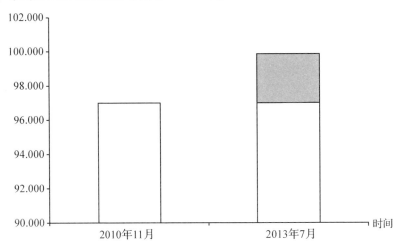

图 4-17　中国林业网搜索关键词增长总量（单位：个）

第五章
网站管理

第一节　顶层设计

中国林业网是林业对外发布信息、提供在线服务、进行互动交流的重要窗口，是贯彻落实"互联网＋政务服务"的主要渠道，是创建服务型政府的有效手段。在中国林业网的建立和运行过程中，按照智慧林业门户网站的目标要求，结合国家、行业信息化发展现状、发展趋势与用户需求，持续加强顶层设计。

一、明确思路

中国林业网建设的基本思路是：认真贯彻落实党中央、国务院关于信息化建设的决策部署，以智慧化建站、服务化发展、集群式管理为核心，推进公共信息服务，扩展在线办事功能，强化网络互动交流，推动转变工作方式、降低行政成本、提高办事效率、优化公共服务，为提高林业治理体系和治理能力现代化，建设美丽中国和生态文明作出新贡献。

（一）智慧化建站理念

中国林业网秉承"信息化引领、一体化集成、智慧化创新"的建站理念，全面整合各领域、各渠道的服务资源，扩充功能，完善系统，着力构建智慧林业网站群，实现数据集中存储和智能化调用，实现网站服务对象由内部向外部、由部门向社会的重大转变。

（二）服务化发展宗旨

中国林业网以服务林业大局、服务林业业务、服务基层单位、服务林农群众为宗旨，充分利用大数据等新兴技术，不断创新服务理念和技术应用，整合各类服务资源，实现一体化服务进程，建立以用户体验为导向、兼顾供给和需求的政府网站发展模式，进一步增强中国林业网的吸引力、亲和力。

（三）集群式管理模式

按照主动化服务的应用要求，以网站用户行为数据沉淀、分析挖掘为基础，所有网站使用统一的数据管理平台，核心功能统一开发和设定，以统一的方式控制网站的整体形象，保证中国林业门户网站功能丰富易用、信息内容保障有力、绩效评估科学有效，努力实现由10000个子站组成的纵横分布的网站集群，打造中国林业网上航空母舰。

二、高位推动

1. 2009 年 3 月，首届全国林业信息化工作会议指出"电子政务已经成为政府行政管理改革的主要方向之一，加快信息化是提高林业行政能力的重要保障"，明确指出要"加大整合力度，促进信息资源共享"（专栏 5-1）。

专栏5-1　全面加快林业信息化步伐 为现代林业建设提供强大支撑
（节选）

电子政务已成为政府行政管理改革的主要方向之一，加快信息化是提高林业行政能力的重要保障。……目前，电子政务发展速度日益加快，我国建立的各级政府网站已超过2万个。林业是事关人民群众生存环境和生活质量的公益事业，是事关亿万农民就业增收的基础产业，林业执政能力的高低直接影响着政府的形象和百姓的福祉，社会关注度很高。但林业的网上办事能力还不强，服务还很滞后，远远不能满足人民群众的需要。我们只有加强林业信息化建设，实现办公电子化、管理信息化、决策科学化，才能建立起行为规范、运转协调、公正透明、廉洁高效的行政管理体制；只有加强林业信息化建设，实现服务网络化、办事便捷化，才能为人民群众提供更加优质的服务，建立起执政为民的新型政府机关。实践表明，提高林业行政能力必须加强信息化建设，这是我们迫在眉睫的一项十分重要的任务。

……

加大整合力度，促进信息资源共享。根据著名的梅特卡夫定律，"网络的价值与网络结点数量的平方成正比"，也就是说，与传统经济时代的"物以稀为贵"相反，网络时代则为"网以多为贵"，拥有用户越多，共享程度越高，产生的效益就越大，其网络价值就越能得到充分体现。资源整合是解决当前林业信息化存在的资源分散、信息难以共享、浪费严重等突出问题的首要措施。一要抓好基础平台整合。按照林业信息化基础平台建设的要求，对所有基础性、公共性、对全局影响起关键作用的内容要切实加强整合，进行统一建设，形成统一平台，切实减少不必要的重复建设和浪费。二要抓好门户网站整合。国家林业局今年要对各司局和直属单位现有网站进行统一整合，建立国家林业局统一的对外门户网站，形成"一站式"林业应用和信息服务窗口，以统一的形象对社会公众服务，维护林业部门信息发布和对外服务的一致性和严肃性。今年内必须完成这项工作。各省级林业部门也要相应加大整合力度，建立统一的对外门户网站。要搞好门户网站的升级改造，扩大信息服务，推进在线办事，加强互动交流，保障网站内容，提升网站政务办理和社会服务功能。建设内容丰富、服务便民、国内一流的林业政府门户网站。三要抓好内网整合。对各类业务应用系统进行联接整合，建立内网统一门户管理和信息服务，推进政务协同，尽快建设一套完整的、功能强大的林业综合办公系统，实现行业内各部门间信息互通、资源共享。

——摘自国家林业局时任局长贾治邦在首届全国林业信息化工作会议上的讲话

2. 2011 年 5 月，第二届全国林业信息化工作会议提出了"十二五"时期林业信息化建设的基本原则（专栏 5-2）。

专栏 5-2　加快林业信息化　带动林业现代化（节选）

"十二五"时期林业信息化建设的基本原则：一是坚持统一规划。林业信息化是一项复杂的系统工程，其内部关系相互交织，建设程序环环相扣，实际应用互联互通，整体性、系统性都很强。必须立足全局，通盘考虑，统一规划，分步实施，从基础建设向应用推进，从简单应用向主体业务应用推进，建设一个成功一个，切实发挥应有作用。全国林业信息化发展"十二五"规划已经出台，各地各单位都要在统一规划指导下开展工作，共同抓好规划的落实。二是坚持统一标准。统一标准是林业信息化实现互联互通、资源共享的根本前提。标准不统一，必然形成"信息孤岛"，造成林业信息的破碎化。必须统一建设标准，统一数据采集规范，统一交换模式，为实现基础平台、应用系统的互联互通奠定基础。三是坚持统一制式。制式不统一，各层级、各系统之间就会存在壁垒，林业系统就无法形成完整统一的平台。林业应用软件系统，必须最大限度地统一研究开发，统一升级完善，做到上下统一，有效对接，避免同一业务用多种制式、互不兼容的软件来支撑。四是坚持统一平台。建立统一平台是实现业务融合、资源共享、协调同步的重要基础。基础平台不统一，权限管理不统一，必然造成严重浪费，安全隐患增多。必须统一设计模式，统一权限管理，统一建设平台。只有在统一平台上，才能形成一个完善、规范、可控、高效的信息管理系统。五是坚持统一管理。统一管理是提高效率、规范操作的重要要求。必须树立长远的观点、全局的观点、统一的观点，坚决打破司局、部门、条块的界限和封锁。林业信息化建设要做到统一项目管理，统一数据管理，最终实现数据的快速交换、高效传递，真正实现互联互通、信息资源共享，减少管理和运维成本，提高信息化建设成效。

——摘自国家林业局时任局长贾治邦在第二届全国林业信息化工作会议上的讲话

3. 2013 年 8 月，第三届全国林业信息化工作会议要求，要采取有效措施，加快建设智慧林业网络平台、加强智慧林业协同管理、构建智慧林业生态服务体系、打造智慧林业民生服务体系，扎实推进智慧林业建设（专栏 5-3）。

专栏5-3　全面提升林业信息化水平为发展生态林业
民生林业做出新贡献（节选）

　　适应移动互联快速发展的形势，积极推进林业微门户、微博、微信等平台
建设，以更加新颖、活泼、便捷的形式，服务林业、林农和公众。四是建立健
全成果共享模式，信息化主管部门负责统一服务平台和信息发布工作，统一管
理基础数据资源；各业务部门承担本单位业务信息的内容保障，供有关部门共
享使用。

　　——摘自国家林业局时任副局长孙扎根在第三届全国林业信息化工作会议
上的讲话

　　4. 2013年8月，国家林业局印发《关于进一步加快林业信息化发
展的指导意见》。《意见》指出了当前和今后一个时期，林业信息化建
设的总体要求。《意见》强调，要加强网站群建设，推动职能转变（专
栏5-4）。

专栏5-4　关于进一步加快林业信息化发展的指导意见（节选）

　　加强林业网站群建设。依托中国林业网，大力推进网站整合，加快地方林
业网站建设，打造纵向到底的林业门户网站群。按照业务领域，协同推进各类
林业专题网站建设，打造横向到边的林业专业网站群，实现网站服务对象由内
部向外部、由部门向社会的重大转变。按照"四个服务"、"四大功能"的要求，
优化网站设计，丰富网站功能，强化信息保障，深化绩效评估，促进各级各类
林业网站建设。积极推进林业微门户、微博、微信等信息发布和互动交流平台
建设，努力开创林业网站发展新局面。开展网上林业政务大厅与电子监察系统
建设，强化外网受理、内网办理、外网反馈机制，提高行政审批效率和信息公
开水平，促进廉洁型、服务型、效能型、法制型政府建设。

　　5. 2013年8月，国家林业局组织制定了《中国智慧林业发展指导
意见》，提出实施中国林业网站群建设工程（专栏5-5）。

专栏5-5　中国智慧林业发展指导意见（节选）

　　中国林业网站群建设工程。依据智慧林业建设目标，充分利用云计算、移动互联、人工智能等新一代信息技术，全面整合各领域、各渠道的服务资源，进一步扩充功能，进一步完善系统，构建智能化、一体化的智慧林业网站群。构建国家林业系统从上至下的门户网站群平台，把全国林业系统政府网站作为一个整体进行规划和管理，实现数据集中存储和智能化调用，系统的统一维护和容灾备份，实现林业系统间资源整合、集成、共享、统一与协同，降低建设成本和运营成本，提高效率，方便用户的使用，提高用户满意度。

　　6. 2015年9月，第四届全国林业信息化工作会议要求，要持续优化中国林业网站群，进一步扩大站群规模，扩展站群类型，实现林业各级部门和各类核心业务全覆盖（专栏5-6）。

专栏5-6　大力推进"互联网＋"引领林业现代化（节选）

　　依托"互联网＋"拓展政务服务，实现林业治理阳光高效。目前，我国林业政务服务仍然难以满足不断增长的社会需求，迫切需要加快"互联网＋"与政府公共服务深度融合，提升林业部门的服务能力和管理水平。要推进政府职能转变，国家林业局25项行政审批明年一律实行网上审批，有关司局单位要加快落实，争取明年上半年全部实现网上审批，严格规范审批程序，明确办理时限，层层落实相关责权。要加快国家林业局办公网升级改造，优化办公平台各应用系统，扩大移动办公应用范围，提高工作效率和政务服务智慧化水平。要持续优化中国林业网站群，进一步扩大站群规模，扩展站群类型，实现林业各级部门和各类核心业务全覆盖。要推进中国林业云创新工程建设，实现站群云服务平台统一建设和管理，核心功能统一开发，数据资源统一管理、开放共享。要打造智慧林业决策平台，通过大数据分析系统，对互联网涉林信息进行态势分析，提升智能决策能力。

　　——摘自国家林业局局长张建龙在第四届全国林业信息化工作会议上的讲话

7. 2016 年 2 月，国家林业局信息化工作领导小组会要求，要按照《规划》确定的重点任务和目标要求，大力推进林业信息化建设（专栏5-7）。

> **专栏 5-7　全面加快林业信息化，为实现林业现代化找准突破口和切入点**（节选）
>
> 要按照《规划》确定的重点任务和目标要求，大力推进林业信息化建设。具体来讲就是：基础设施统一建设，应用系统统一开发，数据信息统一共享，运维管理统一实施、优化资源配置、提高建设效率、提升应用水平、降低安全风险、加速整体进步，最终实现一处机房、一张网络、一个平台、一套数据。
>
> ——摘自国家林业局局长张建龙在国家林业局信息化工作领导小组会上的讲话

三、完善机制

近年来，国家林业局和各级林业部门从战略高度和全局视野，不断强化林业网站群建设，取得了十分显著的效果。

（一）建立健全责任机制

国家林业局十分重视政府网站相关制度建设，努力实现以制度管人、以制度办事，构建规范、高效的运行机制。自 2010 年 7 月起，国家林业局先后下发《中国林业网管理办法》、《中国林业网运行维护管理制度》、《关于成立中国林业网编辑委员会的通知》等林业网站管理制度，为近年来林业网站快速发展奠定了机制保障基础。

（二）建立竞争激励机制

2009 年初开展了"全国林业系统十大优秀网站"、"国家林业局政府网十大优秀栏目"评选工作，并在首届全国林业信息化工作会议上进行了表彰，起到了良好的激励作用。

2010 年 12 月，《全国林业网站绩效评估标准（试行）》和《全国林业网站绩效评估办法（试行）》印发（办信字〔2010〕187 号），国家林业局启动首次全国林业网站绩效评估活动。此后，这项活动也成为国家林业局信息办的年度例行工作，在激励和引导林业网站建设方面发挥了十分积极的作用。

为充分调动各单位的积极性、主动性和创造性，近年来各省级林业主管部门大胆探索，建立和完善了正面激励机制，有效地促进了林业信息化发展。为加强网站群管理，河北省林业厅出台了《河北林业网站专栏信息更新维护考核办法》，黑龙江省林业厅建立了林业信息报送情况通报评比制度，河南省林业厅出台文件，要求在年度评先表彰中实行信息化建设工作一票否决制度。为调动省、市、县三级的积极性，辽宁省林业厅先后下发了《辽宁省林业厅政务商务一体门户网站群优秀网站评比办法》、《全省各市"十二五"期间林业信息化发展水平测评办法（试行）》等系列文件，开展了示范市、优秀网站等创建和评比活动，从 2010 年起，积极推进示范市建设，以点带面促进了全省林业信息化发展。

（三）建立专家咨询机制

专家是宝贵的智力资源。2009 年以来，与中国软件评测中心、电子政务理事会、中国信息化研究与促进网、国家信息中心、北京国脉互联股份有限公司等机构建立合作关系，对中国林业网站群建设情况进行研究，找到存在的问题，对标优秀政府网站，提出优化思路和建议。

（四）建立合作交流机制

国家林业局信息办自成立以来，先后到国务院办公厅电子政务办公室、水利部、工信部、商务部、农业部、国土资源部、国家气象局、国家测绘地理信息局、国家专利局等 10 多个部委进行了调研学习。同时，商务部、科技部、教育部、农业部、国家体育总局、国家知识产权局等 30 多个部委和空军司令部也先后来到国家林业局进行调研交流。

第二节 人员队伍

一、网站负责人

按照 2015 年国务院办公厅第一次全国政府网站普查工作要求,各级政府网站需要确定主要负责人和联系人。依照普查要求,针对中国林业网各子站群,确定了以分管领导为各子站负责人,网站具体维护人员为联系人的机制,有效保障了各子站内容建设和稳定发展。目前,已经确定中国林业网国家林业、省级林业站群各子站的负责人和联系人。下一步,将在此基础上,对中国林业网各市级林业、县级林业站群,国有林区、国有林场、种苗基地、森林公园、湿地公园、沙漠公园等站群明确具体负责人和联系人,加强上下协同,共同推进中国林业网站群建设(图 5-1)。

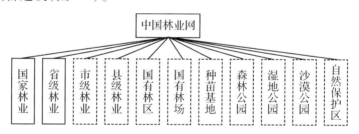

图 5-1 中国林业网各站群网站负责人机制建设情况

二、信息员队伍

近年来,为加强中国林业网建设,提升中国林业网信息员综合素质,通过加强素质培训、建立激励机制、加强实践锻炼,使信息员队伍的整体素质有了明显提高,逐步建立起由国家级、省级、市级、县级、乡镇级林业子站,国有林区、国有林场、种苗基地、森林公园、湿地公园、沙漠公园、自然保护区、主要树种、珍稀动物、重点花卉子站，美丽中国网、中国植树网、中国信息林网等子站维护人员组成的信息员队伍。

（一）加强基层信息员的培训工作

为保证基层信息员队伍的相对稳定，形成一支适应不同层次需求，结构合理的信息技术和管理人才队伍，国家林业局信息办每年针对不同站群，举办了"中国林业网信息员能力提升培训班"、"全国林业网站群培训班"、"市县级林业网站培训班"、"国有林场等网站群培训班"、"乡镇林业网站群培训班"等各类信息员培训班，累计培训人数达到 5000 人次。

（二）建立激励奖励机制

为鼓励信息员，每年年底对全年信息报送采用情况进行总结梳理，按照各单位得分情况进行排名，评出优秀报送单位、十佳信息员、优秀信息员等奖项，对全年信息报送工作表现出色的信息员进行鼓励。

（三）加强实践锻炼

针对中国林业网信息员数量众多、层级复杂的特点，建立了以站群为单位的若干 QQ 群、微信群等，让各子站信息员可以相互沟通，可以与上线信息负责人沟通，也可以同各合作单位进行交流。对于工作中出现的问题，中国林业网负责采编的同志会及时与相关单位联系，及时调整内容和解决存在的问题，帮助信息员们在实践工作中进一步提升信息采编能力。

第三节　政策措施

一、管理办法

为进一步加强和规范中国林业网建设与管理工作，明确中国林业网建设与管理的职责和任务分工，构建中国林业网长效管理机制，根据国家有关法律法规、相关规定和意见，结合中国林业行业实际，国家林业局2010年7月8日印发了《中国林业网管理办法》（专栏5-8），2012年9月14日印发了《中国林业网运行维护管理制度》（专栏5-9）。

专栏5-8　中国林业网管理办法

（林办发〔2010〕185号）

第一章　总　　则

第一条　为加强中国林业网的规范管理，构建长效运行机制，根据国家有关法律法规及规定，制定本办法。

第二条　本办法适用于国家林业局各司局、各直属单位，地方各级林业主管部门、各森工集团、新疆生产建设兵团林业主管部门（以下简称地方各单位）。

第三条　中国林业网与国家林业局政府网、国家生态网一网三名（域名：http：//www.forestry.gov.cn），为国家林业局唯一官方网站。

第四条　中国林业网采用网站群架构模式，由国家林业局主站和各司局、各直属单位、地方各单位子站和业务主题子站组成，具有信息发布、在线办事、互动交流和林业展示等功能。

第五条　中国林业网实行"统一建设、分级维护、资源共享、强化服务"的基本原则，努力塑造中国林业第一门户网站。

第二章　职责分工

第六条　国家林业局信息化管理办公室（信息中心）是中国林业网建设管理主管部门，负责中国林业网规划建设、内容保障、运行维护、升级改造和日常管理等工作，并指导和监督各子站内容维护与运行安全。

第七条　国家林业局各司局、各直属单位负责所属子站内容维护及主站相关栏目内容更新工作，负责提供主站场景式服务、留言回复、意见回复等在线咨询服务，负责提出子站及主站栏目建设需求。

第八条　地方各单位负责本单位子站建设和日常运行维护等工作，向主站报送本单位政务信息，参与主站在线办事、互动交流栏目的内容维护工作。

第三章　网站建设

第九条　中国林业网建设项目的立项、申报、建设、验收等工作应在国家林业局信息办的统筹协调下进行，并严格执行国家基本建设程序有关规定。

第十条　中国林业网建设项目的确定应符合《全国林业信息化建设纲要》和《全国林业信息化建设技术指南》要求，并基于林业信息化统一平台上建设。

第十一条 国家林业局各司局、各直属单位结合工作实际，提出子站建设和主站栏目增设需求，经国家林业局信息办审核并组合包装成建设项目，统一进行项目立项、申报并组织实施。

第十二条 地方各单位网站建设由所在单位自行规划、建设与管理，并作为主题子站链接至中国林业网主站。

第四章　信息发布

第十三条 凡确定为社会公开的国家林业局文件、国家林业局办公室文件等公文、信息，均应在文件、信息发送后的 15 个工作日内在中国林业网上发布。

第十四条 制定与公众利益密切相关的部门规章、政策，应通过中国林业网相关栏目广泛征求社会各界意见；出台或发布后，应同步在中国林业网上进行政策解读。

第十五条 发生突发重大公共事件时，相关单位应在中国林业网相关栏目及时发布权威信息，积极引导社会舆论。

第十六条 坚持"谁制作、谁审核、谁发布"的原则，对需在中国林业网上发布的公文、信息或事项，相关单位应对其真实性、准确性、权威性、是否涉密、能否公开负全责。

第十七条 中国林业网各子站必须发布的信息：

（一）本单位机构设置及职责分工。

（二）与本单位业务有关的法律、法规、部门规章及政策。

（三）本单位的行政审批事项，包括审批程序、具体事项、标准时限、办事机构、联系方式及电子服务方式等。

（四）本单位按规定需要向社会发布的公告、公示、通知、工作动态、业务数据等。

（五）本单位的公众信箱或联系方式。

第五章　在线办事与互动交流

第十八条 承办单位应及时发布行政许可依据、条件、数量、办理流程、期限、需提交的材料目录、申请示范文本及审批结果等信息，并按照规范格式及时发布未实现在线办理的可公开的行政许可决定或行政审批结果。有关其他公共服务事项，应及时发布服务指南。

第十九条 召开全国性重要会议、新闻发布会、听证会，会议主办单位应提前 3 日向国家林业局信息办提出网上直播申请，由信息办统一组织实时图文直播或网络视频播出。

第二十条 结合林业发展新形势，针对林业重点工作和社会公众关注的热

点问题，信息办应及时会同相关单位，研究确定访谈主题和内容，积极组织策划在线访谈活动。

第二十一条 通过局长信箱、网上调查等互动栏目征集到的重要公众留言和公众意见，经国家林业局信息办统一整理后转相关单位提供答复内容，由信息办统一上网反馈。

第六章 运行维护与内容更新

第二十二条 内容维护按照《中国林业网内容维护职责分工》(见附表)有关要求执行。

第二十三条 各司局、各直属单位及地方各单位应明确一名负责人分管中国林业网相关工作，指定一名网站信息员具体承办相关工作。网站信息员因工作等原因调离原岗位时，所在单位应提前重新确定信息员并报局信息办备案。网站信息员应具有较高的政治素质、文字功底和专业技能，并经系统培训后持证上岗。

第二十四条 中国林业网日常运行管理和内容维护经费从国家林业局财政专项经费中列支，执行财政专项经费使用有关规定。

第七章 信息安全

第二十五条 凡涉及国家秘密、工作秘密和商业秘密的文件、敏感信息严禁上网发布。任何人不得泄露网站后台密码。

第二十六条 根据公安部等《关于信息安全等级保护工作的实施意见》有关要求，中国林业网执行三级网站建设有关要求与技术规范。

第二十七条 中国林业网中心机房应实时备份网站系统和信息数据，实时监控系统和网页防篡改等安全系统，每周出具网站运行及内容更新等情况的监测报告。

第二十八条 一旦发生突发事件，立即启动《国家林业局网络信息安全应急处置预案》做好应急工作。

第八章 奖 惩

第二十九条 国家林业局信息办定期对中国林业网管理和运行维护工作进行考核，按季度通报各司局、各直属单位和地方各单位信息报送和采用情况，按年度评选优秀信息员。

第三十条 国家林业局信息办每年组织开展一次主站各栏目和各主题子站的绩效评估工作，对优秀子站和栏目给予表彰和奖励；对于信息内容长期得不到及时更新的子站或主站栏目，将进行通报或实施关闭处理。

第三十一条 未履行审核程序擅自在中国林业网上发布信息、上网内容出现虚假信息或存在较多错误等情况，给予通报批评；造成失泄密的，将依据国家有关法律法规和规定，追究有关领导和直接责任人的责任。

第九章　附　则

第三十二条　本办法由国家林业局信息办负责解释。

第三十三条　本办法自印发之日起实施,《国家林业局网站管理暂行办法》(办发字〔2005〕21 号)同时作废。

专栏5-9　中国林业网运行维护管理制度

（信网发〔2012〕70 号）

第一章　总则

第一条　为加强和规范中国林业网的建设及运维管理,确保安全、稳定、高效的运行,根据有关规定,结合国家林业局实际情况,制定本制度。

第二条　中国林业网(以下简称外网)是国家林业局电子政务网络的重要组成部分,是用于支撑对外信息发布、其他业务应用等的基础网络。

第三条　外网运行维护和管理遵循"统一标准、统一监控、统一运维、统一管理"的原则。

第四条　本制度适用于外网管理单位、业务系统主管单位、网络运行维护单位、网络接入单位及其行政主管单位。

第二章　运行维护管理制度

第五条　国家林业局信息化管理办公室(信息中心)(以下简称国家林业局信息办)作为国家林业局电子政务网络的规划管理单位,负责以下工作:

(一)外网的整体规划。

(二)外网相关制度、标准的审核。

第六条　国家林业局信息办网络安全与运维管理处作为外网的运维管理单位,在国家林业局信息办的领导下,负责以下工作:

(一)外网建设及运维的管理工作,对各级接入链路、网络设备及安全认证设备进行管理和维护,组织确定外网网络接入服务商资源。

(二)制定外网网络管理制度和相应考评体系,实施外网运维服务评价和考核;负责外网网络地址和域名的统筹规划和管理工作。

(三)负责外网接入单位的分级管理,对外网接入单位的网络接入和维护工作进行技术指导和人员培训。

(四)完成业务系统的备案工作。

第七条　外网接入单位及其行政主管单位作为外网重要应用单位,负责以下工作:

（一）提供外网接入环境，协调相关部门，满足外网接入要求。

（二）负责本单位局域网及接入外网设备的运维管理。

（三）接入单位的行政主管单位负责接入单位网络接入和运维相关工作的监督管理。

第八条 外网运行维护单位作为网络服务保障机构，负责以下工作：

（一）做好网络建设和运维的具体工作，为各接入单位提供可靠的网络接入服务。

（二）进行网络资源的监测，及时排除网络故障，提供网络应急保障，定期提供网络运行状况报告。

（三）做好网络升级改造和优化的相关工作。

（四）设置24小时值班电话并安排专人值守，做好电话记录。

（五）计划对外网相关链路及设备进行调整时，应提前一个工作日向国家林业局信息办提出书面申请，经批准后方可实施。

第九条 外网接入需求单位在新增网络接入时，由该业务系统的主管单位统一向国家林业局信息办提出网络接入申请，经审核通过后方可实施接入。

第十条 外网业务系统的新增、更改和撤销，应根据以下要求进行：

（一）由业务系统主管单位向国家林业局信息办提出相关申请，经审核通过后方可实施。

（二）涉及网络接入工作的，应遵照第九条相关规定。

（三）以下情况不允许接入外网：

1. 未经过安全检测的业务系统。

2. 与安全保护等级不匹配的专用网络。

3. 其他情况不能接入外网的。

第十一条 凡因接入单位原因导致外网无法完成接入的，当次接入申请作废。待接入条件具备后，由原申请单位重新提出接入申请。

第十二条 外网各相关单位应明确联系人及有效联系方式，人员发生改变后，要及时通知国家林业局信息办。

第十三条 外网发生网络故障时，故障处理流程如下：

运行维护单位按相关要求报送网络故障及处理信息，判断故障类型并进行维修，同时负责将故障信息通知相关单位。

第十四条 机房值班人员必须坚守值班岗位，认真完成外网的相关检查作业计划，严格执行操作规程，及时、准确、完整地填写值班日志和各种规定的记录文档，并每月上报国家林业局信息办。

第十五条 系统管理员负责定期检查系统状态，确保系统正常运行；证书操作员的日常操作要定期进行安全审计，并向主管部门汇报情况；作废的文档与价质要及时销毁。密钥管理员要定期生成并维护用户密钥，保障证书申请正常进行。网络管理员要定期检查网络运行状况，及时安装系统补丁、更新病毒库。

第十六条　机房运维人员应严格遵守各自职责和操作流程，妥善保管用户信息，未经允许不得以任何形式带出用户信息，不得违规操作，未经许可不得越权。其他人员不得翻阅、查看用户信息。

第十七条　外网的所有主机与业务终端必须安装防病毒软件，并及时为计算机系统安装补丁。

第三章　附则

第十八条　本制度由国家林业局信息办负责解释。

第十九条　本制度自发布之日起执行。

2012 年 9 月 14 日

——摘自《中国林业网运行维护管理制度》

二、管理文件

为进一步加强中国林业网信息内容建设，提升中国林业网在线服务平台，扩展网络互动交流渠道，国家林业局 2014 年 2 月 25 日印发了《关于加强网站建设和管理工作的通知》（专栏 5-10）。

专栏 5-10　国家林业局关于加强网站建设和管理工作的通知

（林信发〔2014〕21 号）

为深入贯彻《国务院办公厅关于进一步加强政府信息公开回应社会关切提升政府公信力的意见》（国办发〔2013〕100 号）精神，充分发挥政府网站在信息公开中的平台作用，着力建设基于新媒体的政务信息发布和互动交流新渠道，提升政府公信力，提高为民办事效率，降低政府管理成本，为公众提供优质的服务，促进生态林业民生林业建设，现就加强林业系统政府网站建设和管理工作通知如下：

一、充分认识办好林业网站的重要意义

党的十八大明确提出建设"服务型政府"。《中华人民共和国国民经济和社会发展第十二个五年规划纲要》明确提出，未来 5 年要大力推进国家电子政务网

络建设，整合提升政府公共服务和管理能力。政府网站作为电子政务的前台和门户，是各级政府履行职能、提供服务、信息发布的重要平台和窗口，是构建服务型政府的重要手段和渠道，是提高工作效率的重要方式，更是一项政府管理和服务方式的创新，办好林业网站意义重大。

二、建立健全林业网站领先发展体系

(一)网站集群体系。要深入推进"中国林业智慧网站群"建设模式，丰富网站内容，增强网站功能，把网站建成各级林业主管部门利用信息技术履行职能的重要途径。

1. 创新建设理念。按照网站群建设思路，树立"信息化引领、一体化集成、智慧化创新"的理念，全面融合各领域、各渠道的服务资源，扩充功能，完善系统，构建中国林业智慧门户网站群。

2. 强化顶层设计。按照智慧林业门户网站的目标要求，结合国家、行业信息化发展现状、发展趋势与用户需求，进行全面、综合、长远规划，统一开发共享共用的网站集群软硬件资源，将各站点连为一体，通过统一平台，实现主站与子站的互联互通、信息共享。

3. 加强板块建设。顺应国内外政府网站发展趋势，借鉴先进政府网站建设经验，主动听取用户意见，有效组织栏目资源，突出重点内容，加强逻辑关联，提高服务易用性，使主站与子站、子站与子站之间形成一个有机整体，增强板块设置的人性化。

4. 创新技术应用。加强网站移动性、宽带化和视频化等创新应用，集成云计算、移动互联网、无障碍访问等先进技术，加快平台优化改造，拓宽网站访问渠道和访问人群。

5. 逐步优化升级。深化网站管理，提升网站服务，对网站内容、功能等进行定期诊断并及时作出有针对性的调整，使网站栏目架构更为合理、逻辑更为清晰，提升网站服务能力和影响力。不断优化网站页面风格、颜色搭配、版面布局、文字图片等方面的设计，改善用户体验。

(二)信息发布体系。从社会公众需求出发，建立健全网上信息公开内容框架体系和保障机制，有效满足社会公众需求。

1. 加大公开力度。加强政府信息上网发布工作，梳理相关专题，充实公开内容，拓展公开深度和广度，对办事指南、统计数据、人事任免、财政预算、政策解读、政府采购和项目投资等信息要增加发布深度，增强信息公开性、原创性、时效性、准确性、连续性、权威性。

2. 加强信息协同。各级林业网站要以子站为支撑，分解任务，明晰责任，协同共建，形成内容保障的合力。建立健全网站内容保障工作机制，畅通信息报送渠道。加强所属子站管理，建立主站与子站间的联系反馈机制，避免出现无效链接。

3. 丰富公开形式。综合采用数字、图表、音频、视频等方式，增强网站亲和力。对社会关注度高、涉及群众切身利益的政府重大决策和重要举措，开展多种形式的政策解读，深化公开内容。针对突发公共事件处置，建立回应社会关注热点的栏目，及时主动发布权威信息，建立信息发布的快速反应机制。

4. 做好信息整合。认真梳理政务信息，合理划分栏目设置。加强政府网站数据库建设，方便公众查询。加大信息汇聚程度，完善信息公开目录，形成信息公开目录体系。

(三)在线服务体系。深入推进网上政务服务建设，提升在线服务能力，满足社会公众的行政办事和民生服务需求。

1. 建立"一站式"服务。从公众需求角度梳理业务，制定在线办事目录体系，全面提供用户所需服务。突破常规行政办事空间、时间的束缚，提供深度、集成服务，使用户可以随时、随地查询需要的办事资料、便民服务信息，下载相应表格，实现在线申请、在线办理，并获得相应结果信息。

2. 加强公共服务。不断拓展服务形式和服务渠道，明确服务主题，充分展示林业核心业务、重点业务，增加公共服务资源比重，为社会公众提供更加广泛、深入的服务。

3. 做好共享服务。加强资源整合，实现网站群之间的资源共享和有效互动，在办事结果反馈、网络问政等方面做到快速、及时，使公众咨询、投诉或留言得到及时有效的受理和反馈。

4. 注重创新服务。在拓宽信息采集渠道、创新信息采集方式的基础上，建立统一的资源目录体系，进行统一数据库建设，增加决策支持系统的信息量，提高信息分析能力，提供智能化信息服务。

(四)互动交流体系。以提高行政效能为目标，搭建政民互动交流平台，构建服务型网站，通过互动渠道的多样化和服务形式的多元化，满足公众需要。

1. 做好栏目建设。对目前各站点互动交流栏目进行梳理，对一些公众参与度不高、互动性不强的栏目及时调整。围绕政府重要决策和与公众利益密切相关的事项，设置热点解答、网上咨询等栏目。各子站每年至少开展一次在线调查活动，做好政策宣传和舆论引导。

2. 建立联动机制。采取主站与子站联动机制，逐步实现在线访谈制度化、形式多样化、服务对象多元化，吸引社会公众广泛参与。建立"统一受理、及时转办督办、统一答复公开"的公众咨询平台，按照"谁主管、谁负责"的原则，使领导信箱、公众问题答复工作常态化。

3. 搭建交流渠道。积极搭建政民互动的新平台，根据业务发展需求增设部门信箱、政务微博、微信等新的互动交流渠道，及时发布各类权威政务信息，统一管理互动交流渠道平台。

4. 加强主题策划。围绕林业重点工作和公众关注热点，加强互动主题策划和互动反馈，广泛征集公众的意见和建议，为决策提供参考，提升互动交流效果，提高科学民主决策水平。

(五)生态文化体系。加强网站生态文化建设和管理，唱响网上思想文化主旋律，推进生态文明建设，发展健康向上的网络生态文化，使之成为传播生态文化的新途径、提供公共文化服务的新平台、丰富人们文化生活的新空间。

1. 构建绿色网络环境。以弘扬生态文化、倡导绿色生活为宗旨，提升生态文明的参与度，增强珍惜自然资源、建设生态民生林业的社会影响力，提高传播能力，占领网上舆论制高点。

2. 开展网络主题活动。大力开展网络生态文化公益活动，为人们提供丰富多样的生态文化服务，开展全国生态作品大赛及征文大赛，鼓励创作格调健康、形式多样、质量上乘的网络文化作品。

3. 引领网络舆论导向。充分利用移动互联等技术，发展运用微博微信等新媒体，弘扬时代主旋律，把握网上舆论方向，运用"网言网语"，在交流沟通中凝聚共识。对一些错误的声音，也要"网来网去"，形成正能量、主舆论。

4. 扩大网络交流合作。利用互联网的开放特点，采取跨行业、跨部门的横向合作及林业网站群间的纵向协作，密切配合，建立多层次、多渠道的合作机制，逐步形成广泛参与、普遍受益的网络生态文化新格局。

三、建立健全林业网站良性运行机制

要进一步建立健全智慧林业网站运行管理机制，加强对网站工作的领导，协调解决网站建设工作中的难题，建立起有效的支撑保障手段，确保服务能力实现持续提升。

(一)组织队伍保障机制。各级林业主管部门要把林业网站建设和管理作为转变工作作风、提高行政效能的一项重要措施，列入重要议事日程，主要领导要亲自过问，分管领导抓好落实。要搞好统筹协调，把网站建设管理工作纳入本级电子政务发展规划，加强指导和监督，及时研究解决出现的问题。

1. 完善管理机制。围绕网站服务能力建设，完善管理机制，合理配备人员，明确运行维护单位、内容保障单位。进一步健全网站工作机制，设立网站编辑委员会，落实工作职责。积极探索委托管理、服务外包等多元化的保障工作机制，促进网站建设。

2. 建立信息主管制度。全面推进电子政务建设，迫切需要建立信息主管制度。要培养具有领导能力、规划远见能力、综合协调能力和项目执行能力，能够在技术、制度和组织等方面把握发展方向的林业网站优秀管理者。

3. 加强队伍建设。把人员队伍培养放在第一位，依托林业信息化教育培训基地，开展多种形式的业务培训，提高网站工作人员的政治素养和业务水平，培养建立一支政治素质高、业务能力强、具有创新意识的网站策划、技术支撑和内容保障队伍。

(二)制度标准保障机制。制度标准保障是网站服务能力建设的基础性保障，网站制度标准的建立健全对林业网站的建设起着统筹作用，是保障网站持续发展的动力，要不断完善林业网站各项管理制度。

1. 内容保障制度。明确各部门和单位的内容保障要求，明确上网信息范围、信息采集规范、信息编辑规范、信息发布规范、相关人员职责等。建立健全信息采集报送制度、信息审核发布制度，扩大信息数量，提高信息质量，丰富网站内容。

2. 绩效评估制度。对林业网站的建设、运行、维护等情况进行检查、通报，将绩效评估与工作业绩挂钩，增强网站建设管理人员的积极性、主动性、创造性。

3. 标准建设制度。按照网站资源标准化、规范化等方面的要求，加快信息公开类、办事服务类、交流互动类标准体系建设，不断规范服务，提高服务质量。

(三)资金投入保障机制。加大各级林业网站经费投入，将运行维护经费纳入相关部门综合预算。各级林业主管部门要统筹解决网站建设和管理经费，确保网站高效运转。

1. 进行统一管理。加大现有林业建设项目中信息建设资金的投入力度，统筹安排，专款专用，将林业网站管理经费和运维经费纳入预算管理。

2. 实行分级保障。要根据工作需要，将网站建设纳入本级财政预算。其中中国林业网由国家林业局信息中心统一规划网站建设资金，各地网站由本级信息中心统筹规划建设资金。

3. 投入共建资金。中国林业网由国家林业局统一投入建设和运维资金，对各省区市林业网站建设给予适当支持，用于网站建设管理、人才培训等，以更好地共建林业系统网站。

(四)信息安全保障机制。要提高信息安全意识，研究构建完整的信息安全保障体系，严格执行网站管理的各项规章制度，加强信息发布管理工作，提高

政府网站建设

网站信息安全水平，确保林业网站系统的安全稳定运行。

1. 严格审核制度。根据"谁主管谁负责、谁运行谁负责、谁使用谁负责"和"谁提供谁负责"、"谁发布谁负责"的原则，加强信息审核工作。指定专人负责网站管理维护、内容更新、审核发布等工作，上网信息需经保密审查并保存审查记录，子站管理员账户要设置复杂程度较高的密码并定期更换。

2. 加强日常监测。加强对网站信息的日常检查，实时对网站进行扫描，检查潜在的运行风险，确保网站信息安全。运行维护单位按期提供网站日常运维情况报告。要建设人工防范和智能扫描相结合的网站纠错平台，及时发现和纠正错误、虚假信息，防止网站被非法链接和恶意修改。

3. 强化监督检查。定期对系统进行自查，及时升级系统和安装软件补丁，杜绝安全隐患。对自行建设维护网站的单位，各系统上线前必须报国家林业局信息中心进行安全检测，未通过安全检测的系统一律不得上线运行。

国家林业局

2014 年 2 月 25 日

——摘自《关于加强网站建设和管理工作的通知》

第四节　域名命名

为进一步推进中国林业网（国家林业局政府网，www. forestry. gov. cn）站群建设，规范中国林业网站群域名管理，按照国家有关规定和《中国林业网管理办法》等有关制度，2015 年 6 月 19 日全国林业信息化领导小组办公室印发了《中国林业网站群域名命名规则》（专栏 5-11）。

专栏 5-11　中国林业网站群域名命名规则

第一章　总　则

第一条　为进一步推进中国林业网（国家林业局政府网，www. forestry. gov. cn）站群建设，规范中国林业网站群域名管理，按照国家有关规定和《中国

172

林业网管理办法》等有关制度，制定本规则。

第二条 本规则所称域名是指中国林业网站群所有子站域名，包括纵向站群、横向站群、特色站群所有子站域名。

第三条 国家林业局信息办(信息中心)负责中国林业网所有子站域名的命名、修改和维护工作。

第四条 各地各单位需按照实际情况，在站群建设时遵守并使用中国林业网站群域名命名规则。

第五条 中国林业网站群域名采用英文命名优先的原则。

第二章 纵向网站群域名命名

第六条 世界林业网站群

命名规则：国家名称英文简称 + . forestry. gov. cn，示例如下(详见附表1，略)：

序号	子站名称	域名
1	阿根廷林业	argentina. forestry. gov. cn
2	爱尔兰林业	ireland. forestry. gov. cn
3	德国林业	germany. forestry. gov. cn
4	加拿大林业	canada. forestry. gov. cn
5	印度林业	india. forestry. gov. cn

第七条 国家林业网站群

命名规则：国家林业局各司局和直属单位名称英文简称 + . forestry. gov. cn，示例如下(详见附表2，略)：

序号	子站名称	域名
1	国家林业局造林绿化管理司	dag. forestry. gov. cn
2	国家林业局科学技术司	dst. forestry. gov. cn
3	国家林业局信息化管理办公室	imo. forestry. gov. cn
4	国家林业局天然林保护工程管理中心	nfpp. forestry. gov. cn
5	中国林业科学研究院	caf. forestry. gov. cn

第八条 省级林业网站群

命名规则：各省(区、市)林业厅(局)按照所属省(区、市)行政区划名称缩写代码(以下简称省级行政区划字母码) + . forestry. gov. cn。

各森工集团、新疆生产建设兵团林业局、计划单列市按名称英文简称(以下简称所属省级辖区字母码) + . forestry. gov. cn。

示例如下(详见附表3，略)：

序号	子站名称	域名
1	辽宁省林业厅	ln. forestry. gov. cn
2	福建省林业厅	fj. forestry. gov. cn
3	四川省林业厅	sc. forestry. gov. cn
4	龙江森工集团	ljfi. forestry. gov. cn
5	大连市林业局	dl. forestry. gov. cn

第九条 市级林业网站群

命名规则：所属省级行政区划字母码 + 该市(地、州、盟)名称英文简称 + . forestry. gov. cn。如果出现重名，依次采用以下命名规则：

规则一：该市名称首字用全称。

规则二：该市名称用全称。示例如下(详见附表4，略)：

序号	子站名称	域名
1	辽宁省沈阳市林业局	lnsy. forestry. gov. cn
2	山东省济南市林业局	sdjn. forestry. gov. cn
3	江苏省连云港市林业局	jslyg. forestry. gov. cn
4	浙江省湖州市林业局	zjhuz. forestry. gov. cn
5	河南省新乡市林业局	haxx. forestry. gov. cn

第十条 县级林业网站群

命名规则：所属省级行政区划字母码 + 该县(市、旗、区)名称英文简称 + . forestry. gov. cn。如果出现重名，依次采用以下命名规则：

规则一：该县名称首字用全称。

规则二：该县名称用全称。示例如下(详见附表5，略)：

序号	子站名称	域名
1	浙江省义乌市林业局	zjyw. forestry. gov. cn
2	湖北省谷城县林业局	hbgc. forestry. gov. cn
3	四川省会理县林业局	schl. forestry. gov. cn
4	福建省宁化县林业局	fjnh. forestry. gov. cn
5	江西省修水县林业局	jxxs. forestry. gov. cn

第十一条 乡级林业网站群

命名规则:所属省级行政区划字母码 + 县(市、旗、区)名称英文简称 + 该乡(镇、苏木)名称英文简称 + . forestry. gov. cn。如果出现重名,依次采用以下命名规则:

规则一:该乡名称首字用全称。

规则二:该乡名称用全称。示例如下(详见附表6,略):

序号	子站名称	域名
1	辽宁省凤城市白旗镇林业站	lnfcbq. forestry. gov. cn
2	黑龙江省孙吴县腰屯乡林业站	hlswyt. forestry. gov. cn
3	重庆市荣昌县清流镇林业站	cqrcql. forestry. gov. cn
4	福建省仙游县赖店镇林业站	fjxyld. forestry. gov. cn
5	四川省荥经县烈太乡林业站	scxjlt. forestry. gov. cn

第三章 横向网站群域名命名

第十二条 国有林区网站群

命名规则:所属省级行政区划字母码或省级辖区字母码 + 该单位名称英文简称 + fa + . orestry. gov. cn(fa = forest area)。如果出现重名,依次采用以下命名规则:

规则一:该单位名称首字用全称。

规则二:该单位名称用全称。示例如下(详见附表7,略):

序号	子站名称	域名
1	吉林森工红石林业局	jlfghsfa. forestry. gov. cn
2	吉林森工临江林业局	jlfgljfa. forestry. gov. cn
3	龙江森工清河林业局	ljfiqhfa. forestry. gov. cn

（续表）

序号	子站名称	域名
4	龙江森工柴河林业局	ljfichfa. forestry. gov. cn
5	大兴安岭图强林业局	dxalfgtqfa. forestry. gov. cn

第十三条　国有林场网站群

命名规则：所属省级行政区划字母码或省级辖区字母码 + 该国有林场名称英文简称 + ff + . forestry. gov. cn(ff = forest farm)。如果出现重名，依次采用以下命名规则：

规则一：该国有林场名称首字用全称。

规则二：该国有林场名称用全称。示例如下(详见附表 8，略)：

序号	子站名称	域名
1	北京市八达岭林场	bjbdlff. forestry. gov. cn
2	河北省塞罕坝机械林场	heshbff. forestry. gov. cn
3	广西壮族自治区七坡林场	gxqpff. forestry. gov. cn
4	湖北省天门市长寿林场	hbcsff. forestry. gov. cn
5	四川省平昌县五峰林场	scwfff. forestry. gov. cn

第十四条　种苗基地网站群

命名规则：所属省级行政区划字母码或省级辖区字母码 + 该种苗基地名称英文简称 + ng + . forestry. gov. cn(ng = nursery garden)。如果出现重名，依次采用以下命名规则：

规则一：该种苗基地名称首字用全称。

规则二：该种苗基地名称用全称。示例如下(详见附表 9，略)：

序号	子站名称	域名
1	北京市大东流苗圃	bjddlng. forestry. gov. cn
2	吉林省白河林业局春雷苗圃	jlclng. forestry. gov. cn
3	湖南省慈利县种苗基地	hnclxng. forestry. gov. cn
4	海南省岛东林场苗圃	hiddng. forestry. gov. cn
5	陕西省商洛核桃良种基地	snslng. forestry. gov. cn

第十五条　森林公园网站群

　　命名规则:所属省级行政区划字母码或省级辖区字母码 + 该森林公园名称英文简称 + fp + . forestry. gov. cn(fp = forest park)。如果出现重名,依次采用以下命名规则:

　　规则一:该森林公园名称首字用全称。

　　规则二:该森林公园名称用全称。示例如下(详见附表10,略):

序号	子站名称	域名
1	北京市八达岭国家森林公园	bjbdlfp. forestry. gov. cn
2	吉林省长白国家森林公园	jlcbfp. forestry. gov. cn
3	湖北省太子山国家森林公园	hbtzsfp. forestry. gov. cn
4	陕西省黑河国家森林公园	snhhfp. forestry. gov. cn
5	宁夏回族自治区六盘山森林公园	nxlpsfp. forestry. gov. cn

第十六条　湿地公园网站群

　　命名规则：所属省级行政区划字母码或省级辖区字母码 + 该湿地公园名称英文简称 + wp + . forestry. gov. cn(wp = wetland park)。如果出现重名，依次采用以下命名规则：

　　规则一：该湿地公园名称首字用全称。

　　规则二：该湿地公园名称用全称。示例如下(详见附表11，略)：

序号	子站名称	域名
1	黑龙江省虎林国家湿地公园	hlhlwp. forestry. gov. cn
2	浙江省始丰溪国家湿地公园	zjsfxwp. forestry. gov. cn
3	江西省东江源国家湿地公园	jxdjywp. forestry. gov. cn
4	河南省九龙湖国家湿地公园	hajlhwp. forestry. gov. cn
5	云南省普者黑国家湿地公园	ynpzhwp. forestry. gov. cn

第十七条　沙漠公园网站群

　　命名规则：所属省级行政区划字母码或省级辖区字母码 + 该沙漠公园名称英文简称 + dp + . forestry. gov. cn(dp = desert park)。如果出现重名，依次采用以下命名规则：

规则一：该沙漠公园名称首字用全称。

规则二：该沙漠公园名称用全称。示例如下（详见附表12，略）：

序号	子站名称	域名
1	新疆维吾尔自治区吉木萨尔国家沙漠公园	xjjmsrdp. forestry. gov. cn
2	新疆维吾尔自治区且末国家沙漠公园	xjqmdp. forestry. gov. cn
3	新疆维吾尔自治区沙雅国家沙漠公园	xjsydp. forestry. gov. cn
4	新疆维吾尔自治区鄯善国家沙漠公园	xjssdp. forestry. gov. cn
5	新疆维吾尔自治区尉犁国家沙漠公园	xjwldp. foretry. gov. cn

第十八条 自然保护区网站群

命名规则：所属省级行政区划字母码或省级辖区字母码 + 该自然保护区名称英文简称 + nr + . forestry. gov. cn（nr = natural reserve）。如果出现重名，依次采用以下命名规则：

规则一：该自然保护区名称首字用全称。

规则二：该自然保护区名称用全称。示例如下（详见附表13，略）：

序号	子站名称	域名
1	北京市百花山国家级自然保护区	bjbhsnr. forestry. gov. cn
2	辽宁省仙人洞国家级自然保护区	lnxrdnr. forestry. gov. cn
3	江苏省大丰国家级自然保护区	jsdfnr. forestry. gov. cn
4	贵州省麻阳河国家级自然保护区	gzmyhnr. forestry. gov. cn
5	陕西省太白山国家级自然保护区	sntbsnr. forestry. gov. cn

第十九条 主要树种网站群

命名规则：树种名称英文简称 + . forestry. gov. cn。示例如下（详见附表14，略）：

序号	子站名称	域名
1	中国松树网	pine. forestry. gov. cn
2	中国竹子网	bamboo. forestry. gov. cn

（续）

序号	子站名称	域名
3	中国桦木网	birch. forestry. gov. cn
4	中国杨树网	poplar. forestry. gov. cn
5	中国柳树网	willow. forestry. gov. cn

第二十条　珍稀动物网站群

命名规则:动物名称英文简称 + . forestry. gov. cn。示例如下(详见附表15,略):

序号	子站名称	域名
1	中国熊类网	bear. forestry. gov. cn
2	中国大熊猫网	panda. forestry. gov. cn
3	中国狮子网	lion. forestry. gov. cn
4	中国豹子网	leopard. forestry. gov. cn
5	中国老虎网	tiger. forestry. gov. cn

第二十一条　重点花卉网站群

命名规则：花卉名称英文简称 + . forestry. gov. cn。示例如下(详见附表16,略):

序号	子站名称	域名
1	中国百合网	lily. forestry. gov. cn
2	中国月季网	chineserose. forestry. gov. cn
3	中国兰花网	orchid. forestry. gov. cn
4	中国杜鹃网	azalea. forestry. gov. cn
5	中国荷花网	lotus. forestry. gov. cn

第四章　特色网站群域名命名

第二十二条　特色网站群

命名规则：网站名称英文简称 + . forestry. gov. cn。示例如下(详见附表17,略):

序号	子站名称	域名
1	美丽中国网	beautifulchina. forestry. gov. cn
2	中国植树网	etree. forestry. gov. cn
3	中国信息林	smartforest. forestry. gov. cn
4	中国林业数字图书馆	library. forestry. gov. cn
5	中国林业网络博物馆	museum. forestry. gov. cn

第五章　附则

第二十三条　本规则由国家林业局信息办负责解释。

第二十四条　本规则自发布之日起实施。

——摘自《中国林业网站群域名命名规则》

第五节　文化传播

中国林业网坚持集约理念，深化整合创新，打造生态文化传播新媒体、开辟生态文化传播新视角、开创生态文化传播新方式，深度挖掘网络生态文化内涵，体现网络文化的多样性，实现网络的精神创造。

一、文化栏目

为增强人们的生态文化意识，中国林业网开辟了生态文化栏目，包括文化活动、关注森林、生态文艺三个子栏目及各类文化赛事专题。文化活动子栏目内容包括全国各地开展的与生态文化建设相关的座谈会、森林文化赛事、生态文化论坛和生态文化示范建设等；关注森林子栏目内容包括全国各地森林城市评选、创建和建设纪实等内容；生态文艺子栏目内容包括与生态文化有关的散文、绘画、书法等文艺作品，展现精神生态的艺术创造，创造森林文化载体(图5-2)。

生态文化　　　　　　　　　　更多>>

- ·《中国海洋生态文化》研究成果在深圳发布
- ·创森带动江西城乡绿色互相融合
- ·最美古树名木获奖作品选登：千年青檀树
- ·最美古树名木获奖作品选登：福建樟树王
- ·国土丹青，花城无处不飞绿
- ·最美古树名木获奖作品选登：章台古梅

更多>>

图 5-2　中国林业网生态文化页面

在生态文化建设的重要节日和重大活动期间，中国林业网组织建设了"3·12中国植树节"、"首个国际森林日"和"森林为民——2011国际森林年"等专题。大力弘扬生态文化，增强群众生态文明意识，积极引导建设和谐环境，推动美丽中国建设（图5-3）。

二、文化活动

文化活动是文化传播的载体。为弘扬生态文化、倡导绿色生活、共建生态文明，2011年以来，中国林业网陆续组织开展了两届全国生态作品大赛、信息改变林业网络故事征文大赛、美丽中国征文大赛等多项文化赛事，营造了良好的网络文化氛围，搭建了公众参与生态文化建设的平台。

（一）全国生态作品大赛

2011年，中国林业网举办了"首届全国生态作品大赛"。大赛以弘

图5-3　中国林业网"首个国际森林日"专题

扬生态文化、倡导绿色生活，引导广大人民群众关注森林、保护森林，共建生态文明为主旨，得到了社会各界的广泛关注和热情参与，共收到作品8000多件，评选出文学、书法、绘画和摄影优秀作品64件（图5-4）。2013年，中国林业网举办第二届全国生态作品大赛。在吉林省

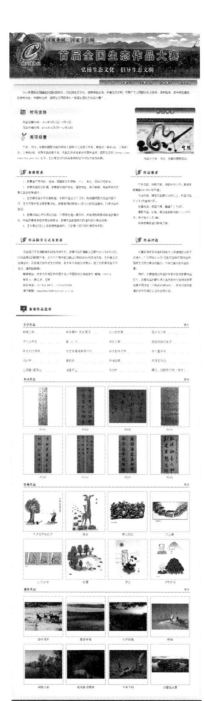

图 5-4　首届全国生态作品大赛首页

政府网站建设

林业厅、四川省林业厅、重庆市林业局的大力协助下，大赛取得圆满成功。共收到作品 1600 多件，评选出优秀作品 87 件（图 5-5）。

图 5-5　第二届全国生态作品大赛首页

184

（二）"信息改变林业"故事网络征文大赛

2012 年，中国林业网举办了首届"信息改变林业"故事网络征文大赛。大赛启动后，得到社会各界广泛关注和积极参与，在众多投稿中，共评选出 3 个一等奖、5 个二等奖、7 个三等奖、20 个优秀奖和 65 个提名奖。作品既反映了林业信息化的快速发展，又反映了信息化给林业、林区、林农和林业职工的生产生活带来的深刻变化，为加快林业信息化发展，推动林业现代化建设起到了积极作用（图5-6）。

图5-6　首届"信息改变林业"故事网络征文大赛首页

（三）"美丽中国"征文大赛

2013 年，为弘扬生态文化，推进生态文明，建设美丽中国，中国林业网举办了首届"美丽中国"征文大赛。大赛共评选出一等奖 5 篇、二等奖 7 篇、三等奖 9 篇、优秀奖 39 篇和提名奖 40 篇，作品充分展现了我国优美的自然景观、丰富的动植物资源以及人们为保护自然和谐生态所做的努力（图 5-7）。2014 年，为进一步弘扬生态文化，建设

图 5-7　首届"美丽中国"征文大赛首页

美丽中国，中国林业网、国家生态网、美丽中国网在成功举办首届美
丽中国征文大赛的基础上，开展了第二届美丽中国大赛。2015 年，为
弘扬生态文化，关注古树名木，建设美丽中国，中国林业网、国家生
态网、美丽中国网在成功举办两届美丽中国征文大赛的基础上，开展
了第三届美丽中国大赛(图 5-8)。

图 5-8   第三届"美丽中国"作品大赛首页

三、大事评选

为深入总结全国林业和林业信息化发展建设情况，展示建设成就，从2010年开始，中国林业网组织开展了全国林业十件大事评选和全国林业信息化十件大事评选活动。

(一)全国林业十件大事评选

2010年，中国林业网组织开展了"十一五"时期全国林业十件大事评选活动，历时1个多月，先后有10万多人参与评选，投票总数达到180多万。通过网络投票和专家评选，推选出"十一五"时期全国林业十件大事。全面总结回顾了"十一五"时期林业发展成就，进一步调动了全社会参与林业建设的积极性，推动了现代林业持续快速发展(图5-9)。

(二)全国林业信息化十件大事评选

从2010年开始，中国林业网开展了年度全国林业信息化十件大事评选活动。全面总结了全国林业信息化建设成就，充分展示了全国林业信息化建设成果，推动了智慧林业建设(图5-10)。

第六节　网站安全

一、主要安全风险

政府网站面临的安全威胁主要来自于内部和外部两个方面，主要包括黑客入侵、网络病毒传播、信息篡改与盗窃、恐怖集团的攻击和破坏、资源拒绝访问、信息系统失控以及内部人员的违规或违法操作等多个方面。

(一)技术风险

技术方面的安全风险主要包括物理安全风险、链路安全风险、网络安全风险、系统安全风险和应用风险五方面。

国家林业局政府网1月28日讯：为了全面总结回顾"十一五"时期林业发展成就和2010年林业信息化建设成果，进一步调动全社会参与林业建设的积极性，推动现代林业持续快速发展，国家林业局政府网（中国林业网）于2010年12月5日—2011年1月15日，组织开展了"十一五"时期全国林业十件大事和2010年全国林业信息化十件大事评选活动。在评选过程中，得到了社会各界及广大网友的积极响应和踊跃参加，先后共有10万多人参与评选，投票总额达到180多万。现将评选结果公布如下：

"十一五"时期全国林业十件大事评选结果

1、2008年6月8日中共中央、国务院颁发《关于全面推进集体林权制度改革的意见》（中发[2008]10号），2009年6月22-23日中央林业工作会议在北京召开，2010年10月10-11日全国集体林权制度改革百县经验交流会在北京召开，掀起了以集体林权制度改革为内容的我国新一轮农村改革高潮。据统计，到2010年底已有18个省区市基本完成明晰产权任务，全国共解决林权纠纷80余万起，确权到户林地22.36亿亩，占全国集体林地总面积的81.69%，6825万农户拿到林权证，3亿多农民直接受益。

2、2007年9月8日，胡锦涛主席在APEC第15次会议上提议建立亚太森林恢复与可持续管理网络，被国际社会誉为应对气候变化的"森林方案"。2008年9月25日，亚太森林恢复与可持续管理网络在北京启动。2009年9月22日，胡锦涛主席在联合国气候变化峰会上向全世界庄严承诺，到2020年中国森林面积比2005年增加4000万公顷，森林蓄积量比2005年增加13亿立方米。2009年11月6日，国家林业局发布了《应对气候变化林业行动计划》。2010年8月31日，中国绿色碳汇基金会在北京成立。林业在应对全球气候变化中的地位和作用日益突出。

3、2006年起，国家林业局作出全面推进现代林业建设的重大部署。2006年2月21-22日在全国林业厅局长会议上第一次提出现代林业建设的基本设想：全面实施以生态建设为主的林业发展战略，加速推进传统林业向现代林业转变。5年来逐步丰富完善，首次明确提出构建繁荣的生态文化体系，将其与林业生态系统和林业产业体系建设同步推进，最终形成了"发展现代林业，建设生态文明，推动科学发展"的新世纪中国林业发展总体思路。

4、2009年以来，我国林业信息化建设进入全面加快发展新阶段。2009年1月成立了国家林业局信息化管理办公室，2009年2月国家林业局印发实施了《全国林业信息化建设纲要》和《全国林业信息化建设技术指南》，2009年3月召开了首次全国林业信息化工作会议，确立了"加快林业信息化，带动林业现代化"的总体思路，2010年3月中央机构编制委员会办公室正式批复成立了国家林业局信息中心，2010年1月中国林业网和国家林业局办公网，国家林业局政府网进入中央部委"优秀政府网站"行列，全国林业系统进入无纸化办公时代。

5、2006年9月14-15日，国家林业局在北京召开了全国林业科技大会，《关于进一步加强林业科技工作的决定》、《林业科学和技术中长期发展规划（2006—2020年）》、《国家林业科技创新体系建设规划纲要（2006—2020年）》、《全国林业从业人员科学素质行动计划纲要（2006—2010—2020年）》等一系列重要文件相继出台。

6、2006年5月29日，《国务院办公厅关于成立国家森林防火指挥部的通知》印发，正式成立了国家森林防火指挥部。2010年11月7日武警森林指挥部直升机支队大庆基地启用暨授装仪式在黑龙江省大庆市举行，由我国自主研发、改装成功的6架森林灭火直升机正式列装武警森林指挥部直升机支队。我国森林防火工作取得显著成效。

7、2010年6月9日，《全国林地保护利用规划纲要（2010-2020年）》由国务院常务会议审议并原则通过，并由国家林业局于2010年8月20日印发。这是新中国成立以来第一个林地保护利用规划纲要，对我国林地保护和利用具有十分重要的意义。

8、2006年，推行了省级人民政府防沙治沙责任制度，先后启动了39个全国防沙治沙示范区，实施了石漠化综合治理工程。2007年3月26-27日，全国防沙治沙大会在北京召开。经2009年第4次全国荒漠化沙化监测，沙化土地由过去扩展变成现在每年缩编1717平方公里，我国土地荒漠化、沙化呈持续净减少之势。

9、2007年4月3日，国家林业局在北京举行"中华人民共和国国际湿地公约履约办公室（国家林业局湿地保护管理中心）"揭牌仪式，提高了我国履行联合国《湿地公约》的能力，进一步促进并强化了全国湿地保护管理工作。目前我国已建立各级湿地自然保护区550多处，国家湿地公园试点100处、地方湿地公园120多处，国际重要湿地37处，使约50%的自然湿地得到有效保护。

10、2007年8月20日，全国林业产业大会暨中国林业产业协会成立大会在浙江杭州召开。2008年起，国家林业局连续3年召开全国油茶产业发展现场会，2009年发布《全国油茶产业发展规划（2009-2020年）》。全国林业产业快速发展，林业产业总产值由2005年的7000多亿元提高到2010年的2万亿元。

图5-9 "十一五"时期全国林业十件大事评选

图 5-10　2015 年全国林业信息化十件大事评选结果

1. 物理安全风险。物理安全涉及的风险主要有：一是自然灾害、物理设备老化等环境事故可能导致整个或部分系统瘫痪及数据丢失；二是电源故障造成设备断电，导致信息的毁坏或丢失；三是设备被盗、被毁造成数据丢失或信息泄漏；四是电磁辐射可能造成数据信息被窃取或偷阅；五是报警系统的设计不足或故障可能造成误报或漏报。

2. 链路安全风险。入侵者可能在传输链路上利用搭线窃听等方式截获机密信息，再通过一些技术手段读出信息；或通过对信息流向、流量、通信频度和长度等参数的分析，推出有用信息，如用户口令、账号等；或做一些篡改来破坏数据的完整性。

3. 网络安全风险。网络应用在提供了资源的共享性和系统的可靠性的同时，也增加了网络安全的脆弱性和复杂性。网络系统的数量、网络使用的服务、网络与 Internet 的链接方式、网络知名度以及网络对安全事故的准备情况等一些因素都会影响网络安全风险程度。再加上政府是一个特殊的行业，其信息资源早已是众矢之的，网络面临的安全威胁将更为严重。

4. 系统安全风险。目前的操作系统以及底层支持系统多来自于国外厂商。很多系统有漏洞和"后门"，即在各种软硬件中有意或无意间留下的特殊代码，通过这些代码可以获得软硬件设备的标识信息或进入操作系统特权控制的信息。

5. 电子政务的应用系统是软件。软件既是重要的系统资源，是安全保护的对象，是安全控制的措施，又是危害安全的途径和手段，而且由于电子政务应用系统直接面向业务进行信息处理，其业务范围广泛，应用主体众多，涉及复杂的权限管理和业务责任等原因，使得应用系统极为复杂，程序量很大，设计失误的风险难免会增多，加之还涉及软件开发人员的品行的可靠性问题，所以，软件本身是十分脆弱的。如果考虑不周，或者受设计者本身的技术能力限制，则应用系统的各组成部分和整个网络，从系统集成、网络设计到计算机各个元器

件、网络设备、安全专用设备、操作系统、网络协议、应用软件等，都可能无意识地留下可供攻击者开发利用的一些特性，使应用系统存在安全弱点或隐患，直接影响到应用系统的使用效果。

(二)管理风险

有调查显示：有已有的网络安全攻击事件中，约70%来自于网络内部的侵犯。组织内部安全管理制度不健全及缺乏可操作性，导致安全策略不完善或不能实施，或人们的安全意识薄弱，安全制度执行不利等原因，会使怀有恶意的内部人员成为最难防范的敌人，造成最大的安全隐患。这是因为内部人员对系统的工作原理和脆弱之处非常了解，他们熟悉组织结构，得到了系统本身的资源来对付系统。为此，除了需要制定一系列信息安全标准和信息系统安全标准之外，还需要在设计技术安全措施的同时考虑管理安全措施的制定。而后者对政府来说尤为重要。

内部安全威胁有：内部人员故意泄漏网络结构；安全管理员有意透露其用户名及口令；内部不怀好意的员工编些破坏程序在内网上传播；或者内部人员通过各种方式盗取他人的涉密信息并传播出去等。大多数技术安全措施，如防火墙、入侵者探测系统等旨在对付来自于系统外部的攻击手段，对内部的攻击却束手无策。

不难看出，政府网站所面临的安全问题是一个系统的概念，它既存在因为技术原因引起的安全隐患，也有非技术原因引起的安全问题。所以，仅依靠信息安全技术和产品，不可能形成有效的信息安全体系。要全面解决政府网站所面临的安全问题，还需加强管理工作，如组织和制度建设等，以寻求政府网站整体的安全，为此，制定科学、完整的信息安全策略是整个信息安全体系建设的基础和保障。

二、安全管理方法

面对网络安全的脆弱性，除在网络设计上增加安全服务功能，完善系统的安全保障措施外，还必须花大力气加强网络的安全管理。

（一）日常管理

通常情况下，信息网络系统的安全，除了安全技术方面的安全保障措施外，必须健全相应日常管理措施，管理机构依据管理制度和管理流程对日常操作、运行维护、审计监督、文档管理进行统一管理。由于网络新漏洞的出现与新威胁的增加、要求通过网络安全管理实现系统审计信息的综合分析、在运行中不断调整安全策略、完善安全设计，使安全策略更符合实际、安全设计更趋合理。另一方面，要求建立各项应急响应措施与应急制度，提高系统抗攻击或抗灾难响应能力。日常管理主要包括：

1. 按照公安部门的要求，保存好网络系统日志、用户访问日志及网站中心其他工作人员的操作日志。

2. 定期系统进行漏洞扫描和漏洞修补。定期查询入侵检测系统日志，了解来得恶意攻击情况，及时调整相关策略。

3. 关注互联网络病毒蔓延情况及黑客技术动向，及时收集、下载、升级防病毒、查杀病毒程序，发出病毒预警，提醒用户注意防范，协助完成病毒查杀工作。

4. 发现危害政府网络安全活动，应立即报告公安机关，并做好记录，协助公安机关搞好案件调查。

（二）应急响应

要建立网络安全事件应急响应预案。网络安全事件应急响应预案是安全管理制度的一个重要部分，这里单独来讨论，主要是考虑到其重要性。事前有预案，一旦发生安全事件，就可以触发相应的预案处理程序，在最短的时间内恢复正常的网络服务信息服务，力求把安全事件的破坏力降到最低。

1. 应急响应体系建设基于以下基本认识。一是网络安全的保险基础是大规模的检测、预警和响应系统。二是应急响应是保障信息网络可生存性的必要手段和措施。三是应急响应是积极防御和纵深防御体系中的最后一道防线。四是由于技术的因素,信息技术不对称,网络漏洞必须存在。因而,对网络安全事件进行应急响应是必不可少的关键环节。五是应急响应是入侵管理过程中的关键环节。六是应急响应是降低风险的主动有效措施,是增强积极防御能力的手段。七是整个预警与应急响应体系是以入侵检测为核心的,容纳并联合了其他安全防护设备,如防火墙、网络隔离、漏洞扫描、外联检测、拓扑发现等设备,统一进行入侵管理,支撑应急响应体系。

2. 应急响应体系建设的益处。一是第一时间了解网络的安全形势。网络中发生了哪些类型的安全事件,有哪些主要的外部入侵行为,有哪些类型的内部违规行为等等,这些安全事件经总结、提升后,第一时间反馈给主管领导,及时了解当前网络的安全形势。二是把握安全趋势。结合网络的分布式特点,结合网络管理的分级管理、集中监控特点,监测并综合报告全局化的安全趋势,从而把握整个单位的整体网络安全态势。三是明确安全责任。在网络中出现安全事件后,能够迅速定位安全事件的来源,明确安全事件发生的范围,确认网络系统受损害程度,进而明确安全责任。

3. 应急响应体系建设的作用。一是及时发现安全事件。网络中发生了什么安全事件,有哪些外部入侵行为,是否有人对重要的服务器进行攻击,是否有人在进行嗅探等,所有这些突发的安全问题,都能够及时发现。二是快速定位安全处理。针对安全事件采取有效措施进行处理,集中监控网络蠕虫等特殊事件,了解并制止潜在的内外攻击行为,及时发现并清除网络病毒、恶意代码。三是更好地利用网络安全设备。组成以入侵检测为核心的安全产品联盟,与网络入侵检测、主机入侵检测、网络漏洞扫描、综合审计、防火墙等安全产品互动,形成综合分析的安全报告,更好地让这些安全设备起到应有的作用。

(三)灾难恢复

灾难恢复计划包括在电子政务系统遭受重大破坏的情况下保留业

务处理能力的准备工作。破坏因素包括人为的和自然灾害造成的。高可靠性系统的应该保证应用系统的任何一个环节的失败不会影响业务的正常运行。因此，高可靠性方案应该考虑到应用、数据和系统各级的保护。一个有效的高可靠性系统环境应用能够做到：

1. 任何计算机系统硬件、软件和应用故障不能影响整个中心的处理工作。

2. 由于灾难(火灾、地震)等原因无法工作时，应有一个备份数据中心能够立即接管关键应用，继续运行。

3. 主数据库恢复后，应用、数据应迅速切换回主系统运行。

灾难恢复包括：数据库容灾；存储系统运程复制；软件远程复制等解决方案。容灾系统的设计没有千篇一律的定式，需要在保护已有投资的前提下选择最合适的解决方案。

(四)制定政府网站的安全制度

安全制度是指为保证系统的安全运转而建立的一套自上而下的安全组织机构及管理有关的规章制度。由于政府网络的特殊性和权威性要求，电子政务信息安全管理部门应根据管理原则和该系统所处理数据的保密性要求，加强安全制度的研究、制定和实施，明确建设的指导原则规范、部门和人员的相关职能和责任、信息的时效控制，以制定相应的管理制度或采用相应的规范。

1. 遵循信息安全管理条例的相关规定。我国已颁布了一系列有关信息安全的管理条例，在各级政府制定相应的安全管理制度时应该遵循这些管理条例的规定，主要有以下内容：

《中华人民共和国保守国家秘密法》、《中华人民共和国国家安全法》、《中华人民共和国电子签名法》、《计算机软件保护条例》、《商用密码管理条例》、《中华人民共和国计算机信息系统安全保护条例》、《中华人民共和国国家标准计算机信息系统安全保护等级划分准则》、《计算机信息系统安全专用产品检测和销售许可证管理办法》、《科学

技术保密规定》、《信息技术安全标准目录》、《中华人民共和国产品质量认证管理条例实施办法》、《中华人民共和国计算机信息网络国际联网管理暂行规定》、《专用网与公用网联网的暂行规定》、《互联网出版管理暂行规定》、《关于互联网中文域名管理的通告》、《计算机信息系统集成资质管理办法（试行）》、《计算机信息网络国际联网出入口信道管理办法》、《通信建设市场管理办法》、《中国公用计算机互联网国际联网管理办法》、《中国公众多媒体通信管理办法》、《电子认证服务管理办法》。

2. 安全管理制度的制定原则。一是多人负责原则：每一项与安全有关的活动，都必须有两人或多人在场。二是任期有限原则：任何人最好不要长期担任与安全有关的职务，以免使他认为这个职务是专有的或永久的。三是最小权限原则：每个人只负责一种事务，只有一种权限。四是职责分离原则：在信息处理系统工作的人员不要打听、了解或参与职责以外的任何与安全有关的事件，除非系统主管领导批准。在此基础上，制定包括机房管理、网络管理、系统管理、设备管理、信息管理、应急处理、人员管理、技术资料管理等有关信息系统建设的规范。

3. 安全制度的主要内容。政府网站的安全制度主要包括以下方面：

（1）明确责任部门。各政府机关应当对其建立的政府网站的安全负责，明确安全的责任部门。

（2）系统的安全要求。政府网站系统的建设应当包括机房建设、Web 安全发布系统、电子公告服务内容过滤系统、防火墙系统、病毒防治系统、邮件过滤系统、入侵检测和审计系统、网络及主机漏洞扫描系统等。

（3）安全产品的要求。政府网站的安全产品应当具备公安部颁发的"计算机信息系统安全专用产品销售许可证"和中国国家安全测评认证中心颁发的"国家信息安全谁产品型号证书"，确保系统的先进、稳定和可靠。

（4）安全工作制度。政府机关应当建立如下政府网站的安全工作制度：对政府网站的数据应当制作定期备份；为重要设备和系统建立密码并定期更新；建立严格的机房管理制度；定期测评系统安全，及时对病毒防治系统、操作系统、数据库等系统软件进行升级；建立预警机制，制订应急方案；进行定期演练，并报信息网络安全协调办公室备案；在发生安全突发事故后，应当及时向有关机构报告。

第六章
绩效评估

第一节　政府网站绩效评估概述

一、基本含义

(一)基本内涵

在管理学中,"绩效"(Performance)定义为从过程、产品和服务中得到的输出结果,并将该输出结果与目标、标准、过去结果、其他组织的情况进行比较,从而对该输出结果进行评估。绩效评估(Performance Measurement)则是识别、观察、测量和评估绩效的过程。政府网站绩效评估是在一定的理论指导下,有目的、有计划、有组织地运用特定方法、手段、系统,对政府网站建设状况加以分析、综合,做出描述和解释,阐明其发展规律的认识活动。

(二)重要意义

政府网站绩效评估是指导政府网站建设的有效指挥棒。绩效评估并非单纯为了排名,而是作为引导各级各部门政府网站健康发展的一种途径,目的是通过评估,帮助各政府部门发现政府网站建设中存在的问题，并找出解决办法。开展政府网站绩效评估具有非常重要的理论意义和实践价值。

第一，开展政府网站绩效评估是深化行政体制改革的重要措施。政府网站已成为信息时代政府实现其职能转变的重要方式，成为政府行政体制改革的新方向，而政府网站绩效评估正以其特有的方式为这种变革提供理论上的支持和技术上的帮助。

第二，科学的绩效评估方法是测度政府网站发展水平和建设成效的依据。政府网站绩效评估研究不仅能够丰富公共管理理论，同时对于评估政府网站建设成效、及时发现和纠正政府网站发展中的不足、总结政府网站建设得失、引导政府网站步入良性发展轨道也具有重要的实践指导意义。

第三，合理设置政府网站绩效目标并配合相应的绩效管理制度，有助于在深层次上解决政府网站建设中的突出矛盾与问题。通过建立政府网站绩效评估体系，能够提高政府及其工作人员的绩效意识，同时有利于进一步提高行政活动中的服务理念和责任意识，将公众满意作为政府工作的使命和宗旨，树立公众取向亦即"民本主义"的绩效文化。反过来，良好的绩效文化也可以促进政府网站绩效评估工作的长期化、规范化和制度化。

第四，公开公正的政府网站绩效评估有助于提高政府形象，增强政府公信力。政府形象是社会公众对政府在运行过程中显示的行为特征和精神状况的总体印象和评价。它既是社会公众的主观评价，又是政府客观表现的反映。公正地进行政府网站的绩效评估并将之公布，不管评估结果如何，都是政府就政府网站的效果与社会公众进行的积极沟通。有助于提高政府工作的透明度，有助于树立一个民主和负责任的政府形象。

二、相关模式

(一)"4E"评价模型

为了更好地控制政府财政支出,节约成本,在 20 世纪 60 年代,美国会计总署率先把对政府工作的审计重心从经济审计转向经济(E-conomy)、效率(Efficiency)、效果(Effectiveness)并重的审计,从单一指标扩展到多重指标,这就是政府绩效评估的雏形,即"3E"评价模型。随后,由于政府在社会中所追求的价值理念(如平等、公益、民主等)和"3E"评价法单纯强调经济性之间存在矛盾与冲突,为了避免"3E"的片面性,又加入了"公平"(Equity)指标,发展为"4E"绩效评价模型。

经过政府的实践和学者的研究,4E 评价标准已经常见于政府绩效的衡量。实质上,4E 评价模型给出的是一种指导性思想,本身较为抽象,在具体的操作中,还需要根据实际情况设计合适的指标进行评价。对政府网站绩效评价而言,4E 评价模型的指导意义在于:在传统评价思路重点关注信息内容的发布数量、信息发布合法性、网站功能完整性等效率考核的基础上,需加入对服务效果和服务公平性的考核,构建更为全面、科学、完善的绩效评价体系。

(二)"产出—结果—影响"三层次模型

加拿大的政府网上服务绩效评估模式曾被联合国评为全球电子政务绩效评估的典范,从加拿大的操作实践来看,该国较好实现了产出、结果和影响三个层次的结合。一是产出层次(Output)。网上服务绩效可以表现在建设的"纯产出"方面,例如:政府网站、光缆、电话、电视等硬件基础设施以及软件操作平台等建设成果。二是结果层次(Out-come)。网上服务绩效可以表现在建设结果的经济(Economical)和效率(Efficiency)两方面。即提高电子政务建设,能否节省政府的经济成本,能否加速工作流程,能否提高工作效率。三是影响层次(Impact)。

网上服务绩效还可以表现在建设的社会影响方面。最重要的有两方面：第一是效果（Effectiveness）和公平（Equity）方面，考察网上服务能否促进社会的整体效益和社会公平的进程；第二是责任（Responsibility）、回应（Response）和代表性（Representation），考察网上服务能否提升政府的责任，对公民的回应力，扩大公民对于政务的代表权限。

按照"产出—结果—影响"三层次模型，当前我国政府网站绩效评估实践的重点还大多停留在"产出"阶段，即重点围绕信息公开、在线办事、政民互动三大功能定位，评价栏目和功能的完善程度、内容的建设情况等，对结果和影响的评价还远不够。与4E评价模型相比，"产出—结果—影响"三层次模型更进一步突出了对工作成效的考察，这为丰富我国当前网站绩效评估指标体系提供了更明确的指引。

（三）标杆管理

标杆管理（Benchmarking）是一个不断的认识和引进最佳实践，以提高组织绩效的过程。标杆管理是动态的、持续的追求组织业绩改进与创新的过程，在不同的时期有不同的标杆，即使是在同一个时期，也可以针对不同的改进方面选择不同的标杆。美国生产力与质量中心（APQC）对标杆管理的定义是：标杆管理是一个系统的、持续性的评估过程，通过不断地将企业流程与世界上居领先地位的企业相比较，以获得帮助企业改善经营绩效的信息。简而言之就是通过持续努力以超越既定目标。图6-1归纳出一个五步的标杆管理模型：

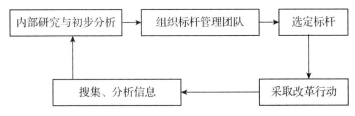

图6-1 标杆管理流程模型

标杆管理是组织提高效率、降低成本的有效工具，在国外已被广泛用于大型企业及政府机构的管理。它以量化指标评估组织中各功能部门的绩效，并与类似规模的其他组织进行比较，比较相互之间指标的差异，明确不同管理模式的优缺点，为组织改善绩效设立目标，持续地寻求改善的措施及最佳化的运作模式。

标杆管理，是一种新的管理理念，其实质上是"模仿 + 学习 + 创新 + 超越"，强调到外界学习新事物、在模仿中学习、将新观念带进组织并刺激组织结合自身进行变革和创新，最终的目标是超越。政府网站绩效的提升不但可以通过自身发展经验教训的总结获得，还可以通过向标杆网站学习来获得。将标杆管理思想引入政府网站绩效评估，便于建立绩效考核标准，特别是对于服务效果和用户体验类指标，通过建立"标杆"引导有关网站与最佳实践进行比较，取长补短，不断学习，有利于激励进一步改进自身网站绩效。

三、国外政府网站绩效评估

（一）联合国

联合国经济与社会事务部从 2002 年开始推出以联合国成员国为研究对象的电子政务测评报告，其目的是通过树立标杆的办法引导全球电子政务发展。2014 年公布的《电子政务成就我们希望的未来》等报告采用的方法框架基本保持不变，但对内容进行了调整，主要反映电子政务、通信基础设施、人力资本和在线服务等因素的变化，如表6-1 所示。

表 6-1　联合国 2014 年评估报告的指标体系

一级指标	二级指标
电子政务指数（EDGI）	在线服务指数
	通信基础设施指数
	人力资本指数
电子参与指数	电子信息共享、电子咨询、电子决策

因为电子政务不仅是基础设施这些硬件方面的问题，更需要将设施和技术与具体操作的人力资源紧密结合起来，所以联合国电子政务

评估指标采用的是软硬件综合的指标体系，共有 3 类指标。第一类，政府网站的状况。操作指标为 5 个层次：起步层次（Emerging Presence）、提升层次（Enhanced Presence）、互动层次（Interactive Presence）、政务处理层次（Transactional Presence）、无缝隙或完全整合层次（Seamless or Fully Integrated）。第二类，基础设施的状况。关键指标有 6 项：每百人拥有的计算机数量、每万人拥有的互联网主机数量、网民占人口总数的比例、每百人拥有的电话数量、每百人拥有的移动电话数量、每千人拥有的电视机数量。第三类，人力资源的状况。关键指标有 3 项：UNDP 的发展指数（Human Development Index）、信息通道指数（Information Access Index）、城市居民的百分比（Urban as % of Total Population）。尽管在原有的第一手指标的基础上进行的二次加工在汇总和加权时存在人为增加误差的因素，但这种软硬件综合的指标体系有利于全面考评电子政务的绩效，得出更加贴近实际的总体结论。

总体来说，联合国电子政务测评指标体系把社会信息化水平指数和政府网站建设放在同样重要的位置上来考虑，这与联合国测评对象覆盖包括发展中国家在内的全球所有国家的目标是一致的。这个评估体系的优点在于其所有指标都能从公开出版物上找到数据，大多数可以通过政府网站或政府公告得到。但是其存在的主要问题是对于文化差异、宗教差异和国家性质的差异考虑较少。

（二）世界经济论坛（WEF）

世界经济论坛（The World Economic Forum）自 2002 年以来已连续15 年发布《全球信息科技报告》，通过网络就绪指数（Networked Readiness Index，NRI，亦译作网络准备指数），依据各个国家（地区）的法律规范、基础设施等宏观信息技术环境、人们的受教育程度以及企业和政府在信息技术研发方面的投入等因素，对全球信息技术竞争力进行排名。研究范围从最初的 75 个国家和地区扩展到 2016 年 139 个。目前已成为研究信息和通信技术如何影响各国发展进程和竞争力的最

权威的国际评估报告。

网络就绪指数通过国际电信联盟（ITU）、世界银行、联合国等组织获取数据，综合考虑了资费标准、教育招生情况及移动网络覆盖水平。网络就绪指数就是指一个国家和地区融入网络世界所做的准备的程度，其中也包含一个国家和地区加入未来网络世界的潜在能力。这个指数的目的在于把复杂、泛化的信息化评价转化为易于理解的指标。2016 年网络就绪指数分为四项分类指数，10 个子项，指标体系吸收了大数据带来的信息和通信技术变革的相应指标。如表 6-2 所示。

表 6-2　全球信息技术报告网络就绪指数指标体系

一级指标	二级指标	三级指标
网络就绪指数	环境指数	政治和监管环境
		商务和创新环境
	就绪指数	基础设施与数字内容
		支付能力
		技能
	使用指数	个人使用
		商务使用
		政务使用
	影响力指数	经济影响力
		社会影响力

（三）国际数据公司（IDC）

国际数据公司（International Data Corporation，IDC）是国际数据集团下属的信息研究机构，在 1997 全球知识发展大会上，IDC 和《世界时代》（*World Times*）全球研究部共同提出了用"信息社会指数"（*INFORMATION SOCIETY INDEX*，ISI）方法，通过定量分析，比较和测量各国获取、吸收和有效利用信息的技术能力。

IDC 采用回归分析、多元共线分析、正规化、标准化等方法，对 55 个国家和地区的数据进行了分析比较，根据这些国家的信息化指数，将参评国家的发展状况分为漫步型、小跑型、快跑型、速滑型 4 个发展等级：得分超过 3500 的为"速滑型"，这个组的信息能力达到高水平；得分在 2000～3500 之间的为"快跑型"，这个组对信息技术的发展有明确目标和长期投资计划；得分在 1000～2000 之间的为"小跑型"，这个组的国家处于稳定的高速发展之中，机遇多于障碍，但过去存在的问题仍有影响；得分在 300～1000 之间的为"漫步型"，这个组的信息技术发展不平衡。

IDC 中国将相同的评价方法运用于中国各省信息化发展水平的研究，并结合中国市场特点，采用了更能及时有效体现各省发展差异的评价因素，发布了 IDC《中国 2005 年分省信息化社会指标》、《中国 2006 年分省信息化社会指标》，从信息资源、信息技术普及应用、信息基础建设、信息消费能力、信息人力资源以及信息产业发展 6 大方面，36 个因素评价了各省的信息化发展水平和潜力。

（四）国际电信联盟（ITU）

国际电信联盟（International Telecommunication Union，ITU）是联合国负责信息通信技术事务的主导机构，在全球电信和信息通信技术统计数据的收集和传播方面发挥着主导作用。国际电信联盟单独或与其他国际组织合作推出了 5 个主要的信息化综合评价指数：数字接入指数（DAI）、数字鸿沟指数（DDIX）、信息化机遇指数（ICT－OI）、数字机遇指数（DOI）、信息化发展指数（IDI）。

信息化发展指数是一个由全面反映信息化发展水平的 11 个要素合成的复合指数，涉及信息化基础设施、信息化使用、知识水平、发展环境与效果和信息消费等各个方面，用来评估与对比不同国家间的信息和通信技术发展。其主要衡量的内容包括：国家与国家间的 ICT 发展水平与演变；发达国家与发展中国家在 ICT 发展方面取得的进步；IDI 是全球的，可以反映不同国家之间 ICT 的发展；数字鸿沟，例如国家间不同的 ICT 发展差距；ICT 发展潜力或国家基于可用的基础设施与技术，利用 ICT 促进发展的空间。

四、国内政府网站绩效评估

（一）工信部

为进一步引导和促进政府网站健康发展，深化电子政务应用，工业和信息化部发布了《政府网站发展评估核心指标体系（试行）》。2009年起，工业和信息化部不再委托评估机构开展全国性政府网站综合评估工作，按照"谁评估、谁公布、谁解释"的原则，鼓励有经验、有实力、有信用的评估机构开展政府网站发展评估，向社会公开发布评估结果，并负责对发布结果的解释。

工信部核心指标体系重心放在政府信息公开、网上办事、政民互动三个环节，不是政府网站评估所需的全部指标，不替代各地区、各部门已有的评估指标体系。具体指标及要点如表6-3所示。

表6-3　工信部政府网站发展评估核心指标体系（试行）

一级指标	二级指标	评估要点
政府信息公开	主动公开信息量	政府网站实际主动公开政府信息的总数量
	依申请公开量	全年公众通过政府网站申请公开信息的数量
	年度新增量	全年政府网站实际主动公开政府信息的新增数量
网上办事	网上办事量	政府网站实际提供的各类网上办事服务事项的数量
	网上办事度	公众通过政府网站办理相关服务事项中，政府网站提供网上办事服务的办理程度
	网上办事率	全年通过网站办理的服务事项的件数，占该事项全年通过各类办事渠道办理的总件数的比例
政民互动	公众参与量	全年公众通过政府网站参与各类互动活动的总事件（人次）数
	参与答复量	全年对公众通过政府网站参与建议的各类互动活动，给予答复的总件（条）数
	参与便捷度	政府网站为公众提供参与互动的渠道种类和数目，互动服务便捷程度满意的人数占使用政民互动服务总人数的比例

（二）电子信息产业发展研究院

中国电子信息产业发展研究院（赛迪，CCID）从2003年开始至今，针对中央部委、省、地市、县级政府网站连续开展全国性绩效评估，是国内知名度较高的电子政务专项评估之一。2015年12月9日发布了《2015年中国政府网站绩效评估总报告》，这是其连续第14年开展政府网站绩效评估工作。评估对象包括我国70多个部委类网站、32个省级（含新疆生产建设兵团，暂不含港澳台地区）和301个地级市（含副省级城市）政府网站，以及495个区县政府网站。

指标体系按照政府网站主办方的行政层级设定，由部委、省级、地市级和县级政府网站的评估指标构成。2015年网站绩效评估包括日常监测和年底综合评估两个阶段，重点对信息公开、互动交流、在线办事、新技术应用和网络预期引导能力等方面进行评估，如表6-4所示。

表6-4 2015年部委网站绩效评估指标体系框架（赛迪）

一级指标（权重）	二级指标（权重）
健康情况（30）	站点可用性（5）
	首页更新（5）
	链接可用性（10）
	栏目维护情况（10）
	单项否决情况
信息公开（22）	基础信息公开（10）
	政务专题（7）
	信息公开保障（5）
办事服务（12）	公共服务（6）
	行政办事（6）
互动交流（10）	政务咨询（5）
	调查征集（5）

（续）

一级指标（权重）	二级指标（权重）
回应关切（14）	决策解读（3）
	新闻发布会（3）
网站功能（12）	微博微信（2）
	站内搜索（4）
	公共搜索（2）
	安全防范（2）
	移动版本（2）
优秀创新案例（10）	—

纵观中国电子信息产业发展研究院连续多年的评估实践，可以发现其具有如下特点：一是采用外评估方式，站在用户角度考察政府网站绩效水平；二是以内容评估为主，以政府网站的功能定位作为指标框架；三是信息公开方面，从门户网站发挥作用角度出发，按"监督、整合和服务"三方面进行完善；四是引导网站建设以便民服务为中心，贴近公众实际生活需求，实现全面完善的公共服务。

（三）国脉互联

国脉互联信息顾问有限公司（简称"国脉互联"）是一家专业从事电子政务咨询的机构，通过长期开展政府网站（群）的规划和评测工作，在政府网站绩效评估方面积累了丰富的经验，并探索出一套"国脉特色政府网站绩效评测体系"。该测评体系将各级政府门户及部门网站目前的发展态势分为初级阶段、中级阶段、高级阶段，并且通过基础性指标、发展性指标、完美性指标等3类监测指标体系进行分别评测，而每个大类又包含一系列具体参数。同时，从2005年开始每年举办一次"中国特色政府网站"评选活动，以此推动政府网站建设，彰显地方特色。

2016年全国政府网站测评共538个政府网站参与评估，评估的范围分为5类，分别为74个部委网站、31个省级政府网站、32个省会及计划单列市政府网站、301个地级市政府网站、100个县(市、区)政府网站。国脉互联政府网站绩效评估所采用的评估方法主要如下：专家研讨法、文献研究法、人工测评法、文件对比法、邮件模拟测试、加权分析法、专业软件测试法。2015年国脉互联中国政府网站绩效评估指标主要从信息公开、在线服务、互动交流、回应关切、用户体验、等维度考察，具体如表6-5所示。

表6-5　2016年部委政府网站评估指标体系(国脉互联)

一级指标	权重	二级指标	权重
信息公开	20	行政权力	5
		财政资金	5
		行业监管	5
		其他主动公开信息	5
在线服务	25	便民服务	15
		办事服务	10
		业务专题	10
互动交流	15	信箱渠道	4
		民意征集	5
		在线访谈	6
回应关切	10	热点回应	5
		政策解读	5
用户体验	30	智能服务	6
		社会化服务	6
		数据开放	6
		国际化程度	6
		网站安全	6

(四)国家信息中心

国家信息中心网络政府研究中心研究设计了一套基于用户体验的政府网站绩效评估指标体系，并已在农业部、海南和新疆生产建设兵团等部委和省区市成功应用。指标体系重点从内容建设水平、功能完善程度、用户体验效果 3 个方面进行考察。其中，内容建设水平，主要考评网站在信息公开、网上服务和互动参与方面"有没有"按要求提供相应的服务和信息；功能完善程度，主要从功能可用性、易用性等角度考察网站"能不能"为用户提供稳定、规范、便捷的服务；用户体验效果，主要则从用户需求满足与否、用户是否有良好的访问体验、用户是否访问更多页面、用户是否愿意再来等角度考察网站用户的实际体验感受"好不好"，以引导网站进一步提高服务质量，提升用户满意度。核心指标体系如表 6-6 所示。

表6-6 基于用户体验的政府网站绩效评估核心指标体系（国家信息中心）

维度	一级指标	二级指标
内容指标 （有没有）	信息公开	主动信息公开
		依申请信息公开
		信息公开保障
		更新及时性
	网上服务	网上办事率【部门】
		服务广度【市县】
		网上办事度【部门】
		服务深度【市县】
		服务便捷度
	互动参与	互动渠道
		互动效果
功能指标 （能不能）	网站可用性	站点可用性
		链接可用性
		内容准确性
	网站兼容性	语言兼容性
		移动终端兼容性

（续）

维度	一级指标	二级指标
功能指标 （能不能）	网站影响力	搜索引擎影响力
		社会化媒体影响力
		重要新闻媒体影响力
效果指标 （好不好）	用户需求响应度	—
	网站服务吸引力	用户回访率
		用户访问深度
		用户增长率
	信息查找便捷度	—
	首页内容用户体验度	—
	网站地域辐射力	—

与传统网站绩效评估指标体系相比，上述指标体系的创新性体现在：一是供给评估和用户体验评估相结合。充分考虑到网站内容建设的艰巨性，该评估体系继承了传统网站绩效评估指标体系的合理性，从网站建设方的角度考察内容供给情况，同时丰富了多项用户体验类指标，真正从网站用户方角度评判服务的实际成效。二是定性评估与数据量化评估相结合。除了对栏目和内容完备度"有"或"无"、"好"或"不好"的定性考察，更强调应用最新的互联网大数据技术，对网站用户访问情况进行实时监测，从全样本的用户访问数据出发，客观反映用户对政府网站的访问效果。三是定期评估与实时动态监测相结合。由于互联网上用户需求变化快，需要做到实时动态管理服务绩效，从而有利于在用户需求和服务供给之间建立正向绩效激励的循环。该指标借助于网站用户访问行为精准监测工具，获取用户体验的全样本、实时数据，体现了在年中、年末定期评估的基础上，实现对服务绩效的动态监测，为网站管理者改进服务提供及时的数据支撑。

（五）中国信息化研究与促进网

中国信息化研究与促进网（简称：促进网）自 2002 年起连续 15 年

以专业第三方权威机构名义开展政府网站评估。2016 年，参考国务院办公厅《关于 2016 年第一、二、三次全国政府网站抽查情况的通报》的要求，促进网联合太昊国际互联网评级、国衡智慧移动大数据联盟、中国日报网、中国高新技术产业导报社、工信部所属计世资讯等权威机构，于 2016 年 5 月启动 2016 年中国优秀政务平台推荐及综合影响力评估，以推动"互联网 + 政务服务、大数据 + 智慧政府"为主题，依据"分类指导、创新引领"的工作思路，针对各级各类政务网站、政务新媒体的行业特点和属性进行分级分类测评。同时，为提升评测工作的国际化水准，还全面引入了太昊国际 Tahaoo 互联网 + 评级指数作为重要指标。根据各级各类政务平台实际运营状况，通过软件测评、在线申报、问卷调查、单位自荐、专家推荐、综合评估等六大类方法评选推荐出 2016 年度中国最具影响力、最给力、最具创新力、最具动员力党务政务网站、最具影响力政务新媒体、中央国家机关网站特色栏目、2016 年度中国政务网站绩效评估领先奖、优秀奖以及中国最具影响力、设计和内容创新外文版政府网站等领先平台。

（六）清华大学

2016 年，清华大学国家治理研究院、清华大学法学院、清华大学公共管理学院联合主办了 2016 年政务服务与国家治理现代化论坛，首次发布了《2016 年中国政府网站绩效评估报告》，从信息发布、解读回应、开放参与、平台支撑、网站应用等五个维度对国家部委、省级、地市级政府门户网站的建设管理水平分别进行了评估（表 6-7）。

表 6-7　评估指标

一级指标	二级指标
信息发布	概况介绍信息
	基本业务信息
	重点领域信息
	保障与机制

（续）

一级指标	二级指标
解读回应	政策解读
	工作宣传
	新闻发布会
开放参与	领导信箱
	征集调查
	在线访谈
平台支撑	网站标识
	核心功能
	辅助功能
	多元渠道
网站应用	可用性
	访问量
	收录量
	监督检查
网上办事	

在部委政府网站中，商务部、税务总局、质检总局、林业局，共4个网站处于"优秀"层级；外交部、发展改革委、教育部、民政部、人力资源社会保障部、国土资源部、交通运输部、水利部、农业部、卫生计生委、海关总署、工商总局、食品药品监管总局、旅游局、民航局，共15个政府网站处于"良好"层级；科技部、工业和信息化部、公安部、财政部、环境保护部、住房城乡建设部、文化部、人民银行、体育总局、安全监管总局、知识产权局、法制办、能源局，共13个政府网站处于"中等"层级；其他有关部委政府网站处于"待改进"层级。

第二节　林业网站绩效评估方法

一、评估思路

全国林业网站绩效评估重点围绕《国务院办公厅关于开展第一次全国政府网站普查的通知》（国办发〔2015〕15 号）、《国务院办公厅关于印发 2015 年政府信息公开工作要点的通知》（国办发〔2015〕22 号）、《国务院办公厅关于加强政府网站信息内容建设的意见》（国办发〔2014〕57 号）等文件精神，以消除政府网站"僵尸"、"睡眠"等现象为基础，进一步推进行政权力清单及财政资金等信息公开工作。同时，按照第四届全国林业信息化工作会议、国家林业局信息化领导小组会议精神，掌握全国林业网站建设现状和水平，进一步查找不足、总结经验、树立典型，加快推进全国林业网站健康良性发展。

二、评估范围

全国林业网站绩效评估范围包括中国林业网国家、省级、市级、县级林业站群，国有林区、国有林场、种苗基地、森林公园、湿地公园、沙漠公园、自然保护区站群子站。初评是对上述林业网站进行普查打分，依照政府网站普查要求，得出合格网站，从中选取优秀网站进入复评，进行综合评估。

三、评估方法

人工测评法：根据专家制定的指标体系，评估人员模拟网站用户登录，根据网站内容采集相关数据。采用分组交叉评估模式，按功能模块对网站同一时段采样。

同一指标平行测试：每项指标由同一个人负责，并在同一个时间段内完成数据的采集工作，确保每项指标评估标准和评分尺度、数据采集时间相同。

用户体验法：由评估人员登录网站，对相关功能进行实际体验。

调查法：设计调查问卷，获取组织领导、人员保障、网站访问量、安全管理等数据。

自动监测法：主要考察网站的稳定性、访问速度、PR 值等技术指标。

四、评估程序

整个评估工作从每年 10 月开始，年底结束，采用阶梯性评估，分为两个阶段：依据国务院办公厅关于政府网站普查等相关要求，对中国林业网所有子站进行初次评测，在达到国家普查要求的合格网站中选取优秀网站进入综合评估阶段，以确保评测更加客观、真实、公正，评估结果更具权威性。

普查摸底初评：采用国家政府网站普查指标体系的要求和打分标准，对全国林业各网站进行检查，评出合格达标网站。在合格达标网站中选取优秀网站进入绩效评估综合评估阶段。

综合评估指标设计：参照往年评估结果和普查合格网站的建设情况，制订综合评估指标体系并征求意见，修订指标体系并发布。

问卷调研：对进入综合评估的各单位下发调查问卷，并做好各单位调查问卷的回收和数据统计分析工作。

综合评估打分：依据指标体系，对综合评估名单中各单位评估打分，依据调研统计结果，添加相应指标数据，形成得分明细表。

综合评估报告撰写：对得分明细表进行汇总分析，撰写评估总报告。

五、评估指标

（一）普查摸底初评指标体系（表6-8）

表6-8　普查摸底初评指标体系

一级指标	二级指标	考察点	扣分细则
单项否决	站点无法访问	首页打不开的次数占全部监测次数的比例	监测1周，每天间隔性访问20次以上，超过（含）15秒网站仍打不开的次数比例累计超过（含）5%，即单项否决
	网站不更新	首页栏目信息更新情况。如首页仅为网站栏目导航入口，则检查所有二级页面栏目信息的更新情况	监测2周，首页栏目无信息更新的，即单项否决。 （注：未注明信息发布时间的视为不更新，下同）
	栏目不更新	1. 动态、要闻、通知公告、政策文件等信息长期未更新的栏目数量 2. 网站中应更新但长期未更新的栏目数量 3. 网站中的空白栏目（有栏目无内容）数量	1. 监测时间点前2周内的动态、要闻类栏目，以及监测时间点前6个月内的通知公告、政策文件类栏目，累计超过（含）5个未更新 2. 网站中应更新但长期未更新的栏目数超过（含）10个 3. 空白栏目数量超过（含）5个 上述情况出现任意一种，即单项否决
	严重错误	1. 网站存在严重错别字； 2. 网站存在虚假或伪造内容； 3. 网站存在反动、暴力、色情等内容	网站出现严重错别字（例如，将党和国家领导人姓名写错）、虚假或伪造内容（例如，严重不符合实际情况的文字、图片、视频）以及反动、暴力、色情等内容的，即单项否决
	互动回应差	互动回应类栏目长期未回应的情况	监测时间点前1年内，要求对公众信件、留言及时答复处理的政务咨询类栏目（在线访谈、调查征集、举报投诉类栏目除外）中存在超过3个月未回应的现象，即单项否决
网站可用性	首页可用性	首页打不开的次数占全部监测次数的比例	监测1周，每天间隔性访问20次以上，累计超过（含）15秒网站仍打不开的次数比例每1%扣5分（累计超过（含）5%的，直接列入单项否决）

（续）

一级指标	二级指标	考察点	扣分细则
网站可用性	链接可用性	首页及其他页面不能正常访问的链接数量	1. 首页上的链接（包括图片、附件、外部链接等），每发现一个打不开或错误的，扣1分；如首页仅为网站栏目导航入口，则检查所有二级页面上的链接 2. 其他页面的链接（包括图片、附件、外部链接等），每发现一个打不开或错误的，扣0.1分
信息更新情况	首页栏目	首页栏目信息更新数量如首页仅为网站栏目导航入口，则检查所有二级页面栏目信息更新情况	监测2周，首页栏目信息更新总量少于10条的，扣5分（2周内首页栏目信息更新总量为0的，直接列入单项否决）
	基本信息	1. 基本信息更新是否及时 2. 基本信息内容是否准确	1. 监测时间点前2周内，动态、要闻类信息，每发现1个栏目未更新的，扣3分 2. 监测时间点前6个月内，通知公告、政策文件类信息，每发现1个栏目未更新的，扣4分 3. 监测时间点前1年内，人事、规划计划类信息，每发现1个栏目未更新的，扣5分 4. 机构设置及职能、动态、要闻、通知公告、政策文件、规划计划、人事等信息不准确的，每发现1次扣1分
互动回应情况	政务咨询类栏目	1. 渠道建设情况 2. 栏目使用情况	1. 未开设栏目的，扣5分 2. 开设了栏目，但监测时间点前1年内栏目中无任何有效信件、留言的，扣5分
	调查征集类栏目	1. 渠道建设情况 2. 调查征集活动开展情况	1. 未开设栏目的，扣5分 2. 开设了栏目，但栏目不可用或监测时间点前1年内未开展调查征集活动的，扣5分 3. 开设了栏目且监测时间点前1年内开展了调查征集活动，但开展次数较少的（地方政府及国务院各部门门户网站少于6次，其他政府网站少于3次），扣3分

（续）

一级 指标	二级 指标	考察点	扣分细则
互动 回应 情况	互动 访谈类 栏目	互动访谈开展情况。	1. 开设了栏目，但栏目不可用或监测时间点前 1 年内未开展互动访谈活动的，扣 5 分 2. 开设了栏目且监测时间点前 1 年内开展了互动访谈活动，但开展次数较少的（地方政府及国务院各部门门户网站少于 6 次，其他政府网站少于 3 次），扣 3 分
服务 实用 情况	办事 指南	办事指南要素的完整性、准确性	1. 办事指南要素类别缺失的（要素类别包括事项名称、设定依据、申请条件、办理材料、办理地点、办理时间、联系电话、办理流程等），每发现一类扣 2 分 2. 办事指南要素内容不准确的，每发现一项扣 1 分
	附件 下载	所需的办事表格、文件附件等资料能否正常下载	1. 办事指南中提及的表格和附件未提供下载的，每发现一次扣 1 分 2. 办事表格、文件附件等无法下载的，每发现一次扣 1 分
	在线 系统	在线申报和查询系统能否正常访问	在线申报或查询系统不能访问的，每发现一个扣 3 分

（二）综合评估指标体系

借鉴国内外评估经验，结合当前政府网站发展要求和信息内容建设重点工作，依据《国务院办公厅关于开展第一次全国政府网站普查的通知》（国办发〔2015〕15 号）、《国务院办公厅关于加强政府网站信息内容建设的意见》（国办发〔2014〕57 号）等重要文件，对全国林业网站绩效评估现有指标体系进行进一步完善和提升，形成当年全国林业网站综合评估标准，以 2015 年全国林业网站绩效评估为例，具体如下。

1. 司局和直属单位网站评估指标（表 6-9）。

表 6-9　司局和直属单位网站评估指标

一级指标	二级指标	三级指标	分值	指标说明
信息发布 50分	机构设置	领导简介	2	是否发布本单位主要领导姓名、工作简历、工作分工等信息
		组织机构	2	发布本单位职能、机构设置等信息，包括内设机构和下属单位名称、职能、联系方式等信息
	信息加载	通知公告	3	及时发布本单位各种通知公告，信息要素齐全，包括标题、正文、发布机构、发布日期 考查更新情况，至少保持每半年更新1次
		业务信息	5	本单位业务信息发布的全面性和发布质量，如领导讲话、各业务类别信息等 考查更新情况，至少保持每半年更新1次
		信息发布总量	7	信息发布的总数量
		链接可用性	4	网站是否存在链接不准确、出错，图片、外部链接无法访问等情况
		信息发布时效	3	动态类信息生成后5个工作日内发布
		首页更新	5	首页信息更新达到每两周更新10条的频率
	热点专题	专题建设	5	围绕会议、活动、部门职责等建立的专题栏目的丰富度，专题内容及质量
		专题更新	5	热点专题栏目的内容更新情况
	法规政策	法规政策	2	发布本单位有关的法律法规和制度文件
		政策解读	3	是否对本单位发布的重要文件、重大规划等通过网站进行及时解读
	规划计划	发展规划	2	发布本单位制定的相关规划
		工作计划	1	发布本单位年度工作、专项工作计划及执行情况
	项目成果	成果展示	1	对单位业务成果的展示情况
用户体验 15分	日均访问量	—	4	网站日均访问情况
	信息呈现形式	—	4	是否采用文字、图片和视频等多种形式发布信息

（续）

一级指标	二级指标	三级指标	分值	指标说明
用户体验 15 分	网站可用性	—	3	网站栏目科学合理，信息内容编排整齐
	栏目丰富度	—	4	网站栏目丰富，更新及时，无空栏目
网站影响力 5 分	搜索引擎影响力	—	3	网站被百度搜索引擎收录的页面数量及网站在搜索引擎中的排名情况
	网页等级	—	2	分析网站的 PR 值，表示网站受欢迎的程度，值越大，越受欢迎，则影响力越大
网站管理 30 分	组织领导	领导小组	2	设置网站管理领导小组，由本单位主要领导担任组长
		工作机制	2	对本部门的信息采集、报送和发布明确具体流程
	人员保障	配备人员	2	配备专职或兼职管理人员 2 名以上
		职责完成情况	6	按照《中国林业网管理办法》职责分工完成主站和网站相应职责
		联络机制	3	建立信息员队伍，指定一名信息员作为网站联系人，参与网站上下级日常联络
	对主站的贡献	信息报送	7	以中国林业网每季度发布的信息采用情况为依据，考查信息被采用的情况
		业务资源整合	3	各业务系统按要求统一整合到国家局门户网站
		职责配合	5	对主站在线服务、访谈直播的支持情况，对局领导活动信息发布的配合情况
合计			100	

2. 省级林业网站评估指标（表6-10）。

表6-10 省级林业网站评估指标

一级指标	二级指标	三级指标	分值	指标说明
信息发布 34 分	主动公开	机构职能	1	公开本单位领导姓名、个人简介、分工、联系方式及部门职责、内设机构等信息 提供的概况信息是否准确

（续）

一级指标	二级指标	三级指标	分值	指标说明
信息发布 34分	主动公开	部门文件	2	公开政策法规、规范性文件等部门发布的文件，并提供最新政策法规解读信息，展现形式生动活泼，易于理解 考查更新情况，至少保持每半年更新1次
		规划计划	1.5	年度工作总结、年度工作计划、发展规划、重大决策等信息公开情况 考查更新情况，至少保持每年更新1次
		工作动态	3	工作动态信息要素完整，包括标题、正文、来源或作者、发布日期；信息发布的时效性强，在3个工作日内发布
		通知公告	2	通知公告的信息要素齐全，包括标题、正文、发布机构、发布日期；信息时效性强，在3个工作日内发布
		人事任免	1.5	发布干部任免、公务员考录或工作人员招考信息情况 考查更新情况，至少保持每年度更新1次
		财政公开	4	公开本单位财政信息，包括部门预决算、三公经费、行政经费使用（财政专项资金管理和使用情况）以及政府采购等情况
		林业统计	2	本单位统计信息公开情况及解读信息 考查更新情况，至少保持每年度更新1次
		权力运行清单	1	依法公开本单位的行政职权清单，及其法律依据、实施主体、运行流程、监督方式等信息；重点公开行政审批调整情况，并公开行政处罚等结果
		应急管理	1	有应急处理机制和平台，应急事件处理情况公开 考查更新情况，至少保持每年度更新1次
	信息公开平台	信息公开目录	3	本部门信息公开目录的编制规范，应包括索引、名称、内容概述、生成日期等；重点目录信息是否有效更新（如政策法规、统计数据、规划计划、人事信息、财政信息等类别目录）

政府网站建设

（续）

一级指标	二级指标	三级指标	分值	指标说明
信息发布 34分	信息公开平台	依申请公开	2	开设电子邮件、在线依申请公开渠道，提供结果查询渠道及表格下载服务 提供依申请公开指南、程序、办理时限和收费标准、受理机构等信息公开情况
		公开保障	3	按《条例》发布本单位信息公开制度、公开指南、年度报告等内容。内容及时更新、完整、准确
	公开情况	回应关切	2	就本单位发生的社会热点、焦点事件，网站是否及时通过热点专题、新闻发布会、通知公告等方式予以回应，引导网络舆情
		专题建设	2	结合本地林业重点工作、社会关切热点等开展专题策划活动，并采用图片或视频等多种形式对专题内容进行更新 2015年新增专题策划的个数 对于已过期专题定期维护，保证此类专题的信息有效，可阅读
		信息发布总量	2	网站信息加载的总数量
		信息更新频度	1	首页信息日均更新量在10条以上
在线服务 15分	基本服务	办事指南	1	提供全面的办事事项，提供完整办事要素，包括事项名称、办事依据、申报条件、办理流程、办理时限、收费标准及依据、办理材料、办理时间、办理地点、联系电话等 行政审批事项提供的内容准确
		资料下载	2	提供各种资料下载（包括办事表格、文本、图片、软件等） 办事表格与指南内容一致，提供范本下载或填写说明；各下载服务链接正常
		在线申报	2	实现在线申报功能的行政事项占本部门所承担全部行政事项的比例；在线申报平台是否提供操作说明；功能应用性强，能正常访问
		结果反馈	2	提供办理结果查询功能，公开事项办理状态

（续）

一级指标	二级指标	三级指标	分值	指标说明
在线服务 15分	基本服务	在线 整合度	2	是否将办事指南、表格下载、在线申报、结果反馈等流程进行全面整合 具有分类清晰，内容全面的服务平台
	公共服务	科普知识	1	提供林业科普知识，且内容丰富
		实用技术	1	提供各种林业实用技术，如树种、花卉的栽培方法与养植技术等
	服务应用	服务效果	1	可通过服务主题、服务对象、场景式导航等多种形式实现网上办事，功能应用畅通
		无障碍 服务	1	针对视觉、听觉、肢体障碍以及老年人等弱势群体提供了无障碍服务功能，并提供无障碍功能操作说明
		特色服务	2	网站建设或服务具有行业网站示范作用 整合资源丰富，内容保障及时 业务应用效果显著
互动交流 11分	渠道设立	在线咨询	2	提供在线咨询渠道，能在线提交相关信息，操作便捷，实现效果好
		调查征集	2	对涉及当前政务工作、重大决策、公众利益密切相关的工作事项，积极开展网上调查和民意征集活动，调查征集的质量高，能反馈结果，并有相应的统计和分析资料 考查1年内开展的次数是否达到3次
		访谈直播	2	提供访谈直播渠道，考查每年开展访谈直播的次数是否达到3次
		智能互动	1	通过建立知识库，设立实时交流、智能问答、智能机器人等问答功能
	结果反馈	时效性	2	对公众提交的问题在7个工作日内回复
		有效性	2	回复质量高，能解决用户问题
用户体验 10分	日均 访问量	—	2	网站日均访问数量
	搜索功能	—	2	是否提供全文和关键字检索，是否提供高级检索，检索结果是否分类，重点信息是否突出显示
	导航链接	—	1	提供站点地图、栏目导航、林业系统上下级单位网站的链接

（续）

一级指标	二级指标	三级指标	分值	指标说明
用户体验 10分	栏目 有效性	—	1	考查网站是否存在空白栏目，包括有栏目无内容、栏目内容无实际意义等情况
	链接 可用性	—	1	通过技术与人工相结合的监测方式，考查网站是否存在链接不准确/出错，图片、附件、外部链接无法访问等情况
	页面布局	—	1	首页布局合理，页面简洁、美观、大方，特色突出。是否3次以内点击即可定位查询内容 栏目划分清晰合理，便于公众快捷获取所需内容
	标识规范	—	1	提供的网站域名、邮箱符合政府网站建设与管理规范，网站标识可准确链接
	辅助信息	—	1	提供网站维护单位及联系方式，对隐私安全、版权保护进行申明
网站 影响力 10分	国际互联网影响力	—	2	提供除中文简体外的其他版本，如繁体版、英文版等
	搜索引擎影响力	—	2	网站被百度搜索引擎收录的页面数量及网站在搜索引擎中的排名情况
	移动终端影响力	—	2	分析网站是否开通WAP、移动APP、移动门户等移动终端应用功能
	新媒体影响力	政务微博	1	开通政务微博，发布有效内容，持续发布最新信息；以及基于博文数、关注量、传播量等因素的影响力程度
		政务微信	1	开通政务微信，发布有效内容，持续发布最新信息，并与用户需求紧密结合，整合服务，使服务实用、易用
	网页等级	—	2	分析网站的PR值，表示网站受欢迎的程度，值越大，越受欢迎，则影响力越大
网站管理 20分	组织建设	组织领导	1	设置由本单位主要领导担任组长的网站管理领导小组；设置网站管理、内容保障、运行维护等岗位
		联络机制	1	建立信息员队伍，指定一名信息员作为网站联系人，参与网站上下级日常联络
	安全管理	安全制度	1	建立与网站运行相关的安全管理制度，如安全应急制度等

（续）

一级指标	二级指标	三级指标	分值	指标说明
网站管理 20分	安全管理	防范措施	1	是否设有安全网关、防火墙、防篡改、防病毒等措施，并定期升级和检查；制定应急预案，有无演练
		备份恢复	1	是否有备份机制并坚持定期备份；是否有恢复机制，有无演练
		等级保护	1	开展国家信息安全等级保护定级备案，并通过测评
	主站支持	信息采用量	2	以中国林业网每季度发布的信息采用情况为依据，考查各单位被中国林业网采用的信息数量
		工作配合度	1	与主站配合开展访谈和其他活动的次数，对主站需要配合的工作的响应程度
		与主站链接情况	1	本级政府网站和各级全国林业网站是否与中国林业网建立链接
	网站建设	建站完成率	5	辖内地市级林业、县区级林业、国有林场、种苗基地、森林公园、湿地公园、自然保护区等林业网站的开通比例
		网站更新率	5	辖内地市级林业、县区级林业、国有林场、种苗基地、森林公园、湿地公园、自然保护区等林业网站的更新情况
合计			100	

3. 市县级林业网站评估指标（表6-11）。

表6-11 市县级林业网站评估指标

一级指标	二级指标	三级指标	分值	指标说明
信息发布 35分	信息公开专栏	—	5	是否按国家规定要求制定信息公开专栏 信息公开目录各链接准确可用
	工作信息	部门文件	2	公开政策法规、规范性文件等部门发布的文件，并提供最新政策法规解读信息，展现形式生动活泼，易于理解 考查更新情况，至少保持每半年更新1次
		规划计划	2	提供本单位十三五规划、本年度工作计划及上年度工作总结等信息 考察更新情况，至少保持每年更新1次

（续）

一级指标	二级指标	三级指标	分值	指标说明
信息发布 35分	工作信息	统计信息	2	发布与本单位相关的统计信息 考察更新情况，至少保持每年更新1次
		财政信息	2	公开本单位财政信息，包括政府采购与招标、部门预决算、三公经费、行政经费使用（财政专项资金管理和使用情况）等情况
	动态信息	工作动态	3	工作动态信息要素完整，包括标题、正文、来源或作者、发布日期；信息发布的时效性强，在3个工作日内发布 考察更新情况，至少保持每两周更新1次
		通知公告	3	通知公告的信息要素齐全，包括标题、正文、发布机构、发布日期；信息时效性强，在5个工作日内发布 考察更新情况，至少保持每半年更新1次
		专题建设	4	结合本地当前林业重点工作、社会关切热点等开展专题专栏，并对专题内容定期更新，采用图片或视频等多种形式呈现
	信息加载	信息更新量	6	年度信息更新总量
		链接可用性	3	网站信息更新频率，包括多少天更新1次，每次更新多少条
		首页更新	3	首页信息更新达到每两周更新10条的频率
在线服务 20分	办事服务	办事指南	3	提供全面的办事事项，提供完整办事要素，包括事项名称、办事依据、申报条件、办理流程、办理时限、收费标准及依据、办理材料、办理时间、办理地点、联系电话等 行政审批事项提供的内容准确
		服务整合	4	将办事指南、表格下载、在线申报、结果反馈等流程进行全面整合
		功能可用性	3	网上办事服务中提供的表格下载、在线申报、结果反馈等功能可用
	公共服务	科普知识	5	提供林业科普知识，且内容丰富
		专业服务	5	提供生态建设、森林旅游、林业产业等服务内容

（续）

一级指标	二级指标	三级指标	分值	指标说明
互动交流 15分	信箱渠道	—	5	提供发表意见、在线咨询、投诉等咨询渠道，且渠道可用性强
	其他渠道	—	5	提供在线调查、意见征集、在线访谈等其他互动渠道，且渠道可用性强 若开通以上渠道，保证每年开展3次以上活动
	结果反馈	时效性	2	对公众提交的信件进行及时回复
		有效性	3	回复质量高，能解决用户问题
用户体验 11分	日均访问量	—	2	网站日均访问数量
	搜索功能	—	1	是否提供全文和关键字检索；是否提供高级检索
	导航链接	—	1	提供站点地图、栏目导航、林业系统上下级单位网站的链接
	网站可用性	—	2	网站内容显示正常，功能可正常使用，无错链、空链等
	首页布局	—	1	首页布局合理，是否3次以内点击即可定位查询内容，且页面简洁、美观、大方，特色突出
	栏目设置	—	1	栏目划分清晰合理，便于公众快捷获取所需内容
	信息呈现形式	—	1	采用多种信息组织形式，使政府网站的设计更丰富多彩，如具有视频、图片、电子地图等，功能应用效果较好
	标识规范	—	1	提供的网站域名、政府邮箱、网站标识符合政府网站建设与管理规范，网站标识可准确链接
	辅助信息	—	1	提供网站维护单位及联系方式，对隐私安全、版权保护进行申明
网站影响力 5分	移动终端影响力	—	1	分析网站是否开通WAP、移动APP、移动门户等移动终端应用功能
	新媒体应用	政务微博	1	开通政务微博，发布有效内容，持续发布最新信息；以及基于博文数、关注量、传播量等因素的影响力程度
		政务微信	1	开通政务微信，发布有效内容，持续发布最新信息，并与用户需求紧密结合，整合服务，使服务实用、易用

政府网站建设

（续）

一级指标	二级指标	三级指标	分值	指标说明
网站影响力5分	搜索引擎影响力	—	1	网站被百度搜索引擎收录的页面数量及网站在搜索引擎中的排名情况
	网页等级	—	1	分析网站的PR值，表示网站受欢迎的程度，值越大，越受欢迎，则影响力越大
网站管理14分	组织领导	—	2	设置由本单位主要领导担任组长的网站管理领导小组；设置网站管理、内容保障、运行维护等岗位
	制度建设	—	2	制定网站管理、内容保障等制度
	安全管理	安全制度	1	建立与网站运行相关的安全管理制度，如安全应急制度等
		防范措施	1	是否设有安全网关、防火墙、防篡改、防病毒等措施，并定期升级和检查；制定应急预案，有无演练
		备份恢复	1	是否有备份机制并坚持定期备份。是否有恢复机制，有无演练
		等级保护	1	开展国家信息安全等级保护定级备案，并通过测评
	对网站群的贡献率	—	3	信息被主站采用的数量，及对主站和省级网站的配合度和响应度
	主站链接	—	3	本级政府网站和各级全国林业网站是否与中国林业网建立链接
合计			100	

4. 专题网站评估指标（表6-12）。

表6-12　专题林业网站评估指标

一级指标	二级指标	分值	指标说明
信息发布40分	概况信息	4	是否发布本单位简介、主要职责、联系方式等信息或本区域的基本概况，信息更新及时准确
	首页更新	5	首页信息更新达到每两周更新10条的频率
	动态信息	5	是否发布本单位的日常动态信息及通知公告，信息要素完整、发布及时；保证动态类信息每两周更新1次，公告类信息每半年更新1次
	特色信息	5	提供具有行业特色的信息，采用多样化的表现形式，如图片、视频等

（续）

一级指标	二级指标	分值	指标说明
信息发布 40 分	栏目内容建设	3	网站各栏目提供的内容充实，考查空栏目的数量
	信息呈现形式	3	采用多种信息组织形式，使政府网站的设计更丰富多彩，如具有视频、图片新闻、电子地图等，功能应用效果较好
	信息编排	5	动态信息文本排版规范，是否存在有标题无具体正文内容、字号混乱、内容重复出现、落款未居右、段首缩进不规范、行间距不规范等问题
	信息更新量	10	本年度网站信息更新总量，包含文字、图片和视频等信息
特色服务 20 分	便民服务	5	是否提供关于本区域或本行业的服务信息，如景点指南、交通引导和周边环境等
	科普知识	5	提供与本行业有关的科普知识和实用技术，且内容丰富
	专项服务	5	是否提供与本单位业务相关的供求信息，是否提供具有使用价值的共享信息，且更新及时
	服务多样性	5	是否提供与本单位业务相关的各类活动、展会等信息
用户体验 10 分	年度访问量	5	本年度网站访问总体情况
	链接可用性	5	网站是否存在链接不准确、出错，图片、外部链接无法访问等情况
网站影响力 10 分	搜索引擎影响力	5	网站被百度搜索引擎收录的页面数量及网站在搜索引擎中的排名情况
	网页等级	5	分析网站的 PR 值，表示网站受欢迎的程度，值越大，影响力越大，分数越高
网站管理 20 分	领导小组	3	设置由本单位主要领导担任组长的网站管理领导小组
	管理人员	3	设置网站管理、内容保障、运行维护等岗位
	管理制度	3	是否制定并发布网站管理和内容保障制度
	联络机制	1	建立信息员队伍，指定一名信息员作为网站联系人，参与网站与上级日常联络
	对网站群的贡献率	5	信息被主站采用的数量，及对主站和省级网站的配合度和响应度
	日常保障	5	是否存在有栏目无内容、网站或网页无法打开的情况
合计		100	

229

第三节 林业网站历年评估结果分析

为贯彻落实中央政策文件精神，推动全国林业系统信息化建设和电子政务发展，促进政府网站形成"以评促建"的发展机制，自 2010 年起，国家林业局信息化管理办公室连续组织开展年度全国林业系统网站群绩效评估工作。通过评估，有效提升了网站群整体服务水平，为网站管理决策工作提供客观参考。经过对 6 年来的评估结果进行分析，主要特点如下。

一、评估范围不断扩大

随着全国林业政府网站规模的不断扩大，需不断加强对各林业子站的监管，评估范围也逐步加大。2010—2012 年评估范围以省级林业行政部门、司局和直属单位两大类别为主。自 2013 年将市级、县级林业行政部门，专题子站等纳入到评估范围，评估数量也逐步增多。至 2015 年，评估数量达到 294 个。此外，2011 年和 2012 年是国家林业局组织机构调整的年份，司局和直属单位数量也根据实际组织机构情况做调整（图 6-2）。

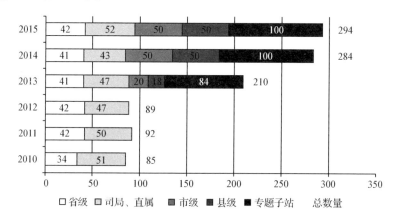

图 6-2 中国林业网评测各年度评估范围

二、整体水平呈上升趋势

五类林业网站进步最明显的为司局和直属单位子站，在国家林业局信息办的指导下，该类网站正向平台集成、管理集约的方向发展，信息发布、业务协同能力不断提升。其次进步较快的为省级林业主管部门网站，平均分由 51.02 上升至 67.82，各主管部门对网站建设的重视程度不断加强，信息发布进一步规范，办事服务平台进一步完善。此外，县级林业主管部门网站也有一定的进步，但整体发展水平还比较低。市级林业主管部门网站和专题子站平均分变化不大，各单位在运维机制等方面需进一步加强（图6-3）。

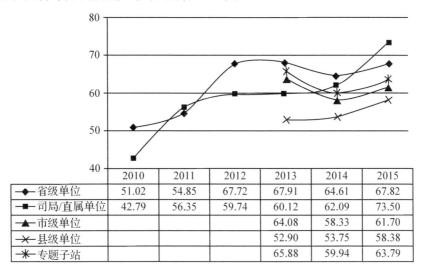

	2010	2011	2012	2013	2014	2015
◆ 省级单位	51.02	54.85	67.72	67.91	64.61	67.82
■ 司局/直属单位	42.79	56.35	59.74	60.12	62.09	73.50
▲ 市级单位				64.08	58.33	61.70
✕ 县级单位				52.90	53.75	58.38
✳ 专题子站				65.88	59.94	63.79

图 6-3　中国林业网整体发展水平年度对比

三、差异化正逐步缩小

对各年度的评估数据进行分析，从几何平均数和中数等参数可看出，在每年度评估指标体系逐步升级的情况下，各类网站在 2010—2015 年间保持稳步提升，仅市级林业主管部门网站和专题子站两类有小幅降低。

从离散系数的变化情况来看，通过这几年的发展，各类的离散系数正逐步缩小，尤其表现突出的为省级林业主管部门、司局和直属单位子站两类；其他三类网站差异化水平变化不大。

从极差数值的变化情况来看，司局和直属单位子站、专题子站的极差数值逐步减小；而省、市、县三级地方林业主管部门网站的值正在增大，表明三级地方林业主管部门的两极分化现象正在加剧，这与各单位对网站建设的重视程度密不可分，落后的单位需引起足够重视，努力提升政府网站建设水平，跟上电子政务发展的步伐（表 6-13 至表6-17）。

表 6-13　中国林业网司局和直属单位发展水平参数分析对照

参数	2010 年	2011 年	2012 年	2013 年	2014 年	2015 年
几何平均数	40. 68	55. 57	59. 27	59. 34	61. 70	73. 06
中数	39. 00	56. 75	58. 60	59. 00	62. 70	74. 80
极差	49. 20	37. 50	30. 10	41. 00	32. 00	40. 90
离散系数	0. 32	0. 16	0. 12	0. 16	0. 11	0. 11

表 6-14　中国林业网省级各单位发展水平参数分析对照

参数	2010 年	2011 年	2012 年	2013 年	2014 年	2015 年
几何平均数	49. 18	51. 19	65. 27	66. 17	62. 95	66. 52
中数	51. 30	50. 75	65. 10	69. 90	61. 70	70. 85
极差	46. 50	64. 70	58. 80	53. 80	51. 20	50. 20
离散系数	0. 26	0. 36	0. 25	0. 21	0. 22	0. 19

表 6-15　中国林业网市级各单位发展水平参数分析对照

参数	2013 年	2014 年	2015 年
几何平均数	62. 98	56. 82	60. 86
中数	64. 30	56. 10	61. 60
极差	40. 70	55. 10	51. 80
离散系数	0. 18	0. 22	0. 16

表6-16 中国林业网县级各单位发展水平参数分析对照

参数	2013 年	2014 年	2015 年
几何平均数	52.23	52.61	57.21
中数	50.80	50.90	59.80
极差	29.40	54.10	43.20
离散系数	0.16	0.20	0.19

表6-17 中国林业网专题子站发展水平参数分析对照

参数	2013	2014	2015
几何平均数	65.39	59.50	63.35
中数	64.00	59.50	64.50
极差	45.50	40.30	36.00
离散系数	0.12	0.12	0.12

四、不均衡现象得到改善

对司局和直属单位子站，省级林业主管部门网站的发展阶段做年度对比分析。各网站已走出起步阶段，少量网站处于建设阶段；多数网站处于发展阶段和优秀阶段，这两个阶段的网站特征表现为有内容、有服务、有互动、有维护，在此期间，各网站得到长足发展，但提供信息和服务的深度、广度、便捷度尚存在不足；此外，信息办、湖南省等个别站点已步入卓越阶段，这类网站重视网站的服务能力的提升、服务创新、管理运维等方面，引领行业的发展(图6-4，图6-5)。

五、网站各项指标进步明显

通过对司局和直属单位子站，省级林业主管部门网站的功能指标做年度对比分析。信息公开方面进步明显，司局和直属单位子站由48.12%上升至68.72%，省级林业主管部门网站由48.96%上升至75.97%，公开工作在全面性上已经突破壁垒，但在深度和广度方面尚存在不足。

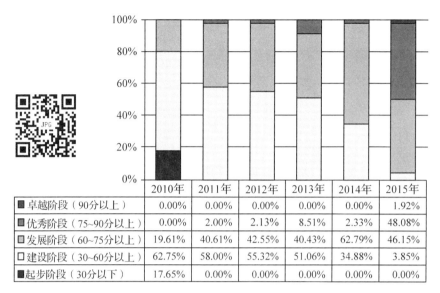

	2010年	2011年	2012年	2013年	2014年	2015年
■ 卓越阶段（90分以上）	0.00%	0.00%	0.00%	0.00%	0.00%	1.92%
■ 优秀阶段（75~90分以上）	0.00%	2.00%	2.13%	8.51%	2.33%	48.08%
■ 发展阶段（60~75分以上）	19.61%	40.61%	42.55%	40.43%	62.79%	46.15%
□ 建设阶段（30~60分以上）	62.75%	58.00%	55.32%	51.06%	34.88%	3.85%
■ 起步阶段（30分以下）	17.65%	0.00%	0.00%	0.00%	0.00%	0.00%

图 6-4　中国林业网司局和直属单位子站发展阶段年度对比

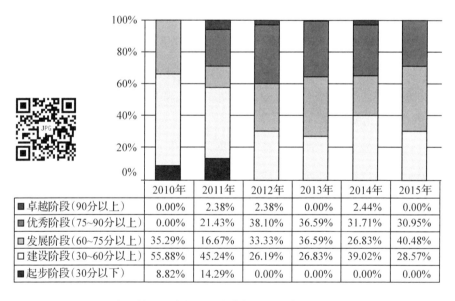

	2010年	2011年	2012年	2013年	2014年	2015年
■ 卓越阶段（90分以上）	0.00%	2.38%	2.38%	0.00%	2.44%	0.00%
■ 优秀阶段（75~90分以上）	0.00%	21.43%	38.10%	36.59%	31.71%	30.95%
■ 发展阶段（60~75分以上）	35.29%	16.67%	33.33%	36.59%	26.83%	40.48%
□ 建设阶段（30~60分以上）	55.88%	45.24%	26.19%	26.83%	39.02%	28.57%
■ 起步阶段（30分以下）	8.82%	14.29%	0.00%	0.00%	0.00%	0.00%

图 6-5　中国林业网省级林业主管部门网站发展阶段年度对比

　　在线服务方面持续稳步发展，但提升幅度较小。司局和直属单位在线服务不断提升，在集约化发展的背景下，在线服务逐步整合至国家林业局门户网站，于2015年取消在线服务的评估，重点考查对门户网站的保障支撑。省级林业主管部门网站在线服务水平持续提升，但提升幅度较小，不能跟上互联网发展的需求和公众的期望水平，对在线服务的科学性、便捷性、全面性还存在较大的问题。

互动交流方面有较大幅度的提升。司局和直属单位由47.7%升至61.95%，同样在集约化发展的背景下，互动交流逐步整合至国家林业局门户网站，于2014年取消互动交流的评估，重点考查对门户网站的保障支撑。省级林业主管部门网站由47.7%升至61.95%，在线咨询、调查征集等渠道建设的有效性得到保障，但互动质量不高。

在网站管理上，省级林业主管部门网站进步不明显，各单位对网站的管理意识还需进一步提升，尤其对网站安全缺乏安全意识和应对机制（图6-6，图6-7）。

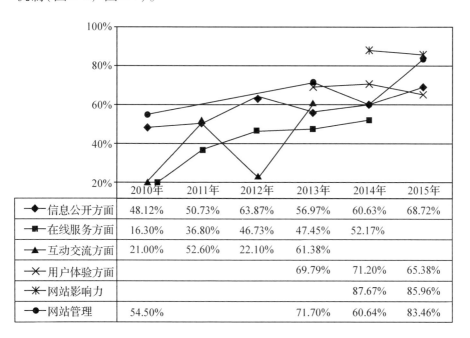

	2010年	2011年	2012年	2013年	2014年	2015年
◆ 信息公开方面	48.12%	50.73%	63.87%	56.97%	60.63%	68.72%
■ 在线服务方面	16.30%	36.80%	46.73%	47.45%	52.17%	
▲ 互动交流方面	21.00%	52.60%	22.10%	61.38%		
✕ 用户体验方面				69.79%	71.20%	65.38%
✳ 网站影响力					87.67%	85.96%
● 网站管理	54.50%			71.70%	60.64%	83.46%

图6-6　司局和直属单位网站功能指标年度对比分析

政府网站建设

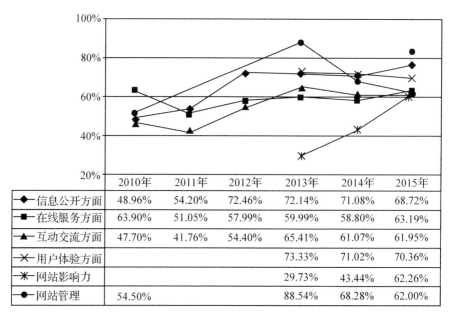

	2010年	2011年	2012年	2013年	2014年	2015年
◆信息公开方面	48.96%	54.20%	72.46%	72.14%	71.08%	68.72%
■在线服务方面	63.90%	51.05%	57.99%	59.99%	58.80%	63.19%
▲互动交流方面	47.70%	41.76%	54.40%	65.41%	61.07%	61.95%
✕用户体验方面				73.33%	71.02%	70.36%
✳网站影响力				29.73%	43.44%	62.26%
●网站管理	54.50%			88.54%	68.28%	62.00%

图6-7 省级林业网站功能指标年度对比分析

六、基本服务效果明显改善

对省级林业主管部门网站重点指标进行分析,公开目录、主动公开、办事表格等服务得到提升,各网站已基本搭建信息公开目录,部门未建设目录的网站设有信息公开相关栏目发布政府信息。在国家政策要求的促进下,主动公开工作进步明显,在全面性、有效性方面得到突破。办事表格下载服务由62.46%上升至81.10%,在全面性和便捷性方面得到提升,但在服务人性化方面存在欠缺。

在网站建设要求不断提升的情况下,依申请公开、互动反馈、安全管理等方面进步较慢。各单位网站对在线依申请公开服务的重视程度不够,甚至少数单位未设立依申请公开渠道,申请流程不明确。在互动渠道逐步完善的情况下,各单位未形成互动回应机制,对信件回复的及时性和有效性得不到有效保障。在安全管理方面,近年来,国家对网站安全建设高度重视,但网站管理者对网站安全的意识还不够,

236

在措施保障、应对机制等方面存在不足，对安全隐患的防范能力薄弱（图6-8）。

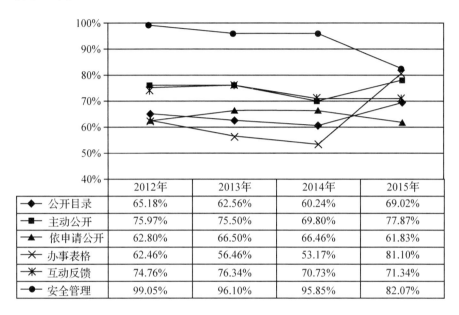

	2012年	2013年	2014年	2015年
公开目录	65.18%	62.56%	60.24%	69.02%
主动公开	75.97%	75.50%	69.80%	77.87%
依申请公开	62.80%	66.50%	66.46%	61.83%
办事表格	62.46%	56.46%	53.17%	81.10%
互动反馈	74.76%	76.34%	70.73%	71.34%
安全管理	99.05%	96.10%	95.85%	82.07%

图 6-8 网站建设重点指标年度对比分析

七、重点政府信息公开效果凸显

自 2012 年起，国务院办公厅每年发布政府信息公开工作要点的通知，对本年度的信息公开工作重点做具体要求。其中行政审批办事指南、财政信息等成为每年度的工作重点；自 2014 年起，有关政策对权力运行清单提出具体要求。通过分析可以看出，办事指南稳步提升，各网站基本保障了指南的全面性和准确性，但在规范性和及时性方面尚存在不足。财政信息的公开在 2014 年是关键期，本年度大部门单位发布比较全面、权威的财政信息。而权力运行清单在 2015 年爆发式地予以发布，但在规范性和及时性方面尚存在不足（图6-9）。

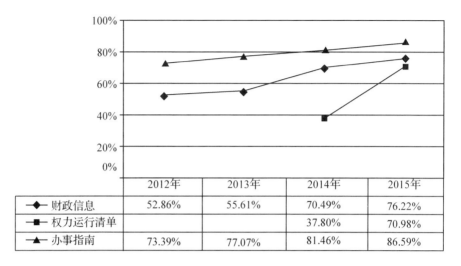

	2012年	2013年	2014年	2015年
◆ 财政信息	52.86%	55.61%	70.49%	76.22%
■ 权力运行清单			37.80%	70.98%
▲ 办事指南	73.39%	77.07%	81.46%	86.59%

图 6-9　主动公开重点工作年度对比分析

八、部分网站进步明显

对司局和直属单位、省级林业主管部门网站年度排名进行分析，退耕办、公安局、信息办、工作总站、造林司等 5 家司局和直属单位子站，湖南、北京、福建、浙江、广东、上海等 6 家省级林业主管部门网站能够保持领先地位，一直保持前 10 名。6 年期间，三北局、林科院、科技司、乌鲁木齐专员办、天保办、竹藤中心、中绿基、世行中心、昆明院等 9 家司局和直属单位，甘肃、青岛、深圳、宁波、湖北、海南、新疆兵团、湖南等 8 家省级林业主管部门网站进步较快。其中，三北局、林科院、科技司、乌鲁木齐专员办、甘肃省等单位进步最快，进步名次在 20 名以上，基本跨越式发展。进步较快的网站分别通过网站改版、制度建设、部门协调等各种手段使网站的服务水平明显改观，使全国林业系统网站群站建设水平整体提升（图 6-10，图 6-11）。

238

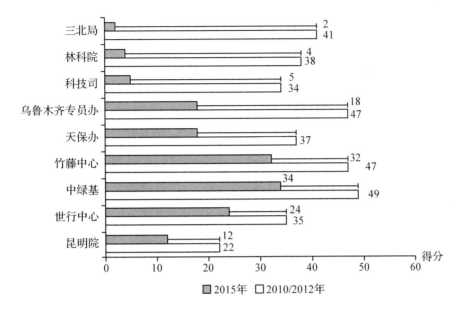

图 6-10 中国林业网司局和直属单位子站进步突出单位分析

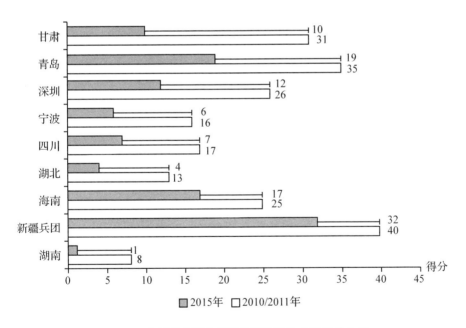

图 6-11 中国林业网省级林业网站进步突出单位分析

九、专题子站发展速度不均

全国林业系统专题子站评估涵盖国有林区、国有林场、种苗基地、森林公园、湿地公园、自然保护区、重点花卉等7大类，其中自然保护区、国有林场、森林公园、种苗基地等4类自2013年每年均有评估。对这4类进行年度对比分析发现，种苗基地、自然保护区有小幅提升，森林公园、国有林场则表现不稳定。2015年度，专题子站最高分(82)与最低分(46)相差36分，差距较大。其中种苗基地和自然保护区的平均分较高，但自然保护区表现同样不够稳定，在2014年出现下滑现象。自然保护区、国有林场、森林公园等单位表现不稳定的原因重点在于，各子站未形成有效的信息发布机制，不能保证信息发布的更新及时性和有效性。各单位对专题子站运维应当建立长效的运维机制，保障信息的有效、定期更新，使站点充满活力(图6-12)。

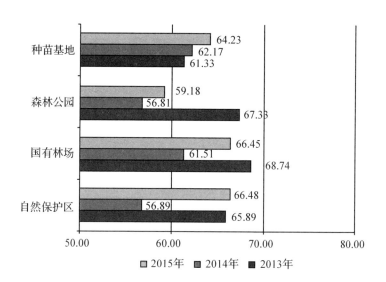

图6-12　中国林业网各种类专题子站发展水平年度对比

附录一

国务院办公厅关于进一步加强
政府信息公开回应社会关切
提升政府公信力的意见

国办发〔2013〕100 号

各省、自治区、直辖市人民政府，国务院各部委、各直属机构：

依法实施政府信息公开是人民政府密切联系群众、转变政风的内在要求，是建设现代政府，提高政府公信力，稳定市场预期，保障公众知情权、参与权、监督权的重要举措。《中华人民共和国政府信息公开条例》施行以来，政府信息公开迈出重大步伐，取得显著成效。随着互联网技术的迅猛发展和信息传播方式的深刻变革，社会公众对政府工作知情、参与和监督意识不断增强，对各级行政机关依法公开政府信息、及时回应公众关切和正确引导舆情提出了更高要求。与公众期望相比，当前一些地方和部门仍然存在政府信息公开不主动、不及时，面对公众关切不回应、不发声等问题，易使公众产生误解或质疑，给政府形象和公信力造成不良影响。为进一步做好政府信息公开工作，增强公开实效，提升政府公信力，经国务院同意，现提出以下意见。

一、进一步加强平台建设

（一）进一步加强新闻发言人制度建设。要以主动做好重要政策法规解读、妥善回应公众质疑、及时澄清不实传言、权威发布重大突发事件信息为重点，切实加强政府新闻发言人制度建设，提升新闻发言人的履职能力，完善新闻发言人工作各项流程，建立重要政府信息及热点问题定期有序发布机制，让政府信息发布成为制度性安排。国务院新闻办公室要围绕国务院常务会议等重要会议内容、国务院重点工作、公众关注热点问题，及时组织新闻发布会，把国务院新闻办公室新闻发布厅建设成中央政府重要信息发布的主要场所。与宏观经济和民生关系密切以及社会关注事项较多的相关职能部门，主要负责同志原则上每年应出席一次国务院新闻办公室新闻发布会，新闻发言人或相关负责人至少每季度出席一次。国务院各部门要建立健全例行新闻发布制度，利用新闻发布会、组织记者采访、答记者问、网上访谈等多种形式发布信息，增强信息发布的实效；与宏观经济和民生关系密切以及社会关注事项较多的相关职能部门，要进一步增加发布的频次，原则上每季度至少举办一次新闻发布会。各省(区、市)人民政府要建立政府主要负责同志依托新闻发布平台和新媒体发布重要信息的制度，并指导本级政府各部门和市、县级政府加强新闻发布工作，进一步增强信息发布的权威性、时效性，更好地回应公众关切。

(二)充分发挥政府网站在信息公开中的平台作用。各地区各部门要进一步加强政府网站建设和管理，通过更加符合传播规律的信息发布方式，将政府网站打造成更加及时、准确、公开透明的政府信息发布平台，在网络领域传播主流声音。加强政府信息上网发布工作，对各类政府信息，依照公众关注情况梳理、整合成相关专题，以数字化、图表、音频、视频等方式予以展现，使政府信息传播更加可视、可读、可感，进一步增强政府网站的吸引力、亲和力。涉及群众切身利益的重要决策，要在政府网站公开征求意见；重要政策法规出台后，要针对公众关切，及时通过政府网站发布政策法规解读信息，加强解疑释惑；对涉及政务活动的重要舆情和公众关注的社会热点问题，要积极予以回应，及时通过政府网站发布权威信息，讲清事实真相、有关政策措施以及处理结果等，地方政府和部门负责同志应主动到政府网站接受在线访谈。拓展政府网站互动功能，围绕政府重点工作和公众关注热点，通过领导信箱、公众问答、网上调查等方式，接受公众建言献策和情况反映，征集公众意见建议。完善政府网站服务功能，及时调整和更新网上服务事项，确保公众能够及时获得便利的在线服务。加强政府网站数据库建设，逐步整合交通、社保、医疗、教育等公共信息资源，以及投资、生产、消费等经济领域数据，方便公众查询。

（三）着力建设基于新媒体的政务信息发布和与公众互动交流新渠道。各地区各部门应积极探索利用政务微博、微信等新媒体，及时发布各类权威政务信息，尤其是涉及公众重大关切的公共事件和政策法规方面的信息，并充分利用新媒体的互动功能，以及时、便捷的方式与公众进行互动交流。开通政务微博、微信要加强审核登记，制定完善管理办法，规范信息发布程序及公众提问处理答复程序，确保政务微博、微信安全可靠。

此外，要进一步加强政府热线电话建设和管理，清理整合有关电话资源，确保热线电话有人接、能及时答复公众询问。

二、加强机制建设

（四）健全舆情收集和回应机制。各地区各部门要建立健全舆情收集、研判和回应机制，密切关注重要政务相关舆情，及时敏锐捕捉外界对政府工作的疑虑、误解，甚至歪曲和谣言，加强分析研判，通过网上发布消息、组织专家解读、召开新闻发布会、接受媒体专访等形式及时予以回应，解疑释惑，澄清事实，消除谣言。回应公众关切要以事实说话，避免空洞说教，真正起到正面引导作用。有关主管部门要进一步加大网络舆情监测工作力度，重要舆情形成监测报告，及时转请相关地方和部门关注、回应。

（五）完善主动发布机制。各地区各部门要围绕党和政府中心工作，针对公众关切，主动、及时、全面、准确地发布权威政府信息，特别是政府重要会议、重要活动、重要决策部署，经济运行和社会发

展重要动态，重大突发事件及其应对处置情况等方面的信息，以增进公众对政府工作的了解和理解。对发布的政府信息，要依法依规做好保密审查，涉及其他行政机关的，应与有关行政机关沟通确认，确保发布的政府信息准确一致。统筹运用新闻发言人、政府网站、政务微博微信等发布信息，充分发挥广播电视、报刊、新闻网站、商业网站等媒体的作用，扩大发布信息的受众面，增强影响力。

（六）建立专家解读机制。重要政策法规出台后，各地区各部门要及时组织专家通过多种方式做好科学解读，让公众更好地知晓、理解政府经济社会发展政策和改革举措。有关部门可根据工作需要，组建政策解读的专家队伍，提高政策解读的针对性、科学性、权威性和有效性，让群众"听得懂"、"信得过"。

（七）建立沟通协调机制。各地区各部门要加强与新闻宣传部门、互联网信息内容主管部门以及有关新闻媒体的沟通联系，建立重大政务舆情会商联席会议制度，建立政务信息发布和舆情处置联动机制，妥善制定重大政务信息公开发布和传播方案，共同做好政府信息发布和舆论引导工作。

三、完善保障措施

（八）加强组织领导。各地区各部门要把做好政府信息公开、提高信息发布实效摆上重要工作日程，做到政府经济社会政策透明、权力运行透明，让群众看得到、听得懂、能监督，不断把人民群众的期盼融入政府决策和工作之中，努力增强提升政府公信力、社会凝聚力的"软实力"。地方政府和部门主要负责人要亲自过问，分管负责人要直接负责，逐级落实责任，确保各项工作措施落实到位。要加强工作机构建设，已经设置专门机构的，要加强力量配置，把专业水平高、责任心强的人员配置到关键岗位，特别是要选好配强新闻发言人；尚未设置专门机构的，要明确专人负责，确保在应对重大突发事件以及社会热点事件时不失声、不缺位，有条件的应尽快成立专门机构，保障必要的工作经费。同时，要为信息公开工作人员、新闻发言人、政府网站工作人员、政务微博微信相关人员参加重要会议、掌握相关信息提供便利条件。

（九）加强业务培训。各地区各部门要建立培训工作常态化机制，经常组织开展面向信息公开工作人员、新闻发言人、政府网站工作人员、政务微博微信相关人员等的专业培训，及时总结交流经验，不断提高相关人员的政策把握能力、舆情研判能力、解疑释惑能力和回应引导能力。有关部门要把政府信息公开工作列为公务员培训内容，进一步加大培训力度，扩大培训范围。

（十）加强督查指导。国务院办公厅和国务院新闻办公室、国家互联网信息办公室要协同加强对政府新闻发言人制度、政府网站、政务微博微信等平台建设和管理工作的督查和指导，进一步完善相关措施和管理办法，加强工作考核，加大问责力度，定期通报有关情况，切实解决存在的突出问题，确保平台建设和机制建设的各项工作落实到位。

国务院办公厅

2013 年 10 月 1 日

附录二

国务院办公厅关于加强政府网站
信息内容建设的意见

国办发〔2014〕57 号

各省、自治区、直辖市人民政府，国务院各部委、各直属机构：

　　政府网站是信息化条件下政府密切联系人民群众的重要桥梁，也是网络时代政府履行职责的重要平台。近年来，各级政府积极适应信息技术发展、传播方式变革，运用互联网转变政府职能、创新管理服务、提升治理能力，使政府网站成为信息公开、回应关切、提供服务的重要载体。但一些政府网站也存在内容更新不及时、信息发布不准确、意见建议不回应等问题，严重影响政府公信力。建好管好政府网站是各级政府及其部门的重要职责，为进一步做好政府网站信息内容建设工作，经国务院同意，现提出以下意见：

　　一、总体要求

　　（一）指导思想。深入贯彻落实党中央、国务院的决策部署，围绕建设法治政府、创新政府、廉洁政府的目标，把握新形势下政务工作信息化、网络化的新趋势，加强政府网站信息内容建设管理，提升政府网站发布信息、解读政策、回应关切、引导舆论的能力和水平，将政府网站打造成更加及时、准确、有效的政府信息发布、互动交流和公共服务平台，为转变政府职能、提高管理和服务效能，推进国家治理体系和治理能力现代化发挥积极作用。

　　（二）基本原则。

　　——围绕中心，服务大局。紧密结合政府工作主要目标和重点任务，充分反映重要会议、活动和决策内容，解读重大政策，使公众理

解和支持政府工作。

　　——以人为本，心系群众。坚持执政为民，把满足社会公众对政府信息的需求作为出发点和落脚点，密切政府同人民群众的关系，增强政府的公信力和凝聚力。

　　——公开透明，加强互动。及时准确发布政府信息，开展交流互动，倾听公众意见，回应社会关切，接受社会监督，使政府网站成为公众获取政府信息的第一来源、互动交流的重要渠道。

　　——改革创新，注重实效。把握互联网传播规律，适应公众需求，理顺管理体制，完善协调机制，创新表现形式，提高保障能力，加强协同联动，打造传播主流声音的政府网站集群。

二、加强政府网站信息发布工作

　　(三)强化信息发布更新。各地区、各部门要将政府网站作为政府信息公开的第一平台，建立完善信息发布机制，第一时间发布政府重要会议、重要活动、重大政策信息。依法公开政府信息，做到决策公开、执行公开、管理公开、服务公开、结果公开。健全政府网站信息内容更新的保障机制，提高发布时效，对本地区、本部门政府网站内容更新情况进行监测，对于内容更新没有保障的栏目要及时归并或关闭。

　　(四)加大政策解读力度。政府研究制定重大政策时，要同步做好网络政策解读方案。涉及经济发展和社会民生等政策出台时，在政府网站同步推出由政策制定参与者、专业机构、专家学者撰写的解读评论文章或开展的访谈等，深入浅出、通俗易懂地解读政策。要提供相关背景、案例、数据等，还可通过数字化、图表图解、音频、视频等方式予以展现，增强网站的吸引力亲和力。

　　(五)做好社会热点回应。涉及本地区、本部门的重大突发事件、应急事件，要依法按程序在第一时间通过政府网站发布信息，公布客观事实，并根据事件发展和工作进展及时发布动态信息，表明政府态

度。围绕社会关注的热点问题，相关部门和单位要通过政府网站作出积极回应，阐明政策，解疑释惑，化解矛盾，理顺情绪。

（六）加强互动交流。各地区、各部门要通过政府网站开展在线访谈、意见征集、网上调查等，加强与公众的互动交流，广泛倾听公众意见建议，接受社会的批评监督，搭建政府与公众交流的"直通车"。进一步完善公众意见的收集、处理、反馈机制，了解民情，回答问题。开办互动栏目的，要配备相应的后台服务团队和受理系统。收到网民意见建议后，要进行综合研判，对其中有价值、有意义的应在 7 个工作日内反馈处理意见，情况复杂的可延长至 15 个工作日，无法办理的应予以解释说明。

三、提升政府网站传播能力

（七）拓宽网站传播渠道。通过开展技术优化、增强内容吸引力，提升政府网站页面在搜索引擎中的收录比例和搜索效果。政府网站要提供面向主要社交媒体的信息分享服务，加强手机、平板电脑等移动终端应用服务，积极利用微博、微信等新技术新应用传播政府网站内容，方便公众及时获取政府信息。有条件的政府网站可发挥优势，开展研讨交流、推广政府网站品牌等活动。

（八）建立完善联动工作机制。各级政府面向公众公开举办重要会议、新闻发布、经贸活动、旅游推广等活动时，政府网站要积极参与，做好传播工作。各级政府网站之间要加强协同联动，发挥政府网站集群效应。国务院发布对全局工作有指导意义、需要社会广泛知晓的政策信息时，各级政府网站应及时转载、链接；发布某个行业或地区的政策信息时，涉及到的部门和地方政府网站应及时转载、链接。

（九）加强与新闻媒体协作。加强政府网站与报刊、杂志、广播、电视等媒体的合作，增进政府网站同新闻网站以及有新闻资质的商业网站等的协同，最大限度地提高政府信息的影响力，将政府声音及时准确传递给公众。同时，政府网站也可选用传统媒体和其他网站的重要信息、观点，丰富网站内容。

（十）规范外语版网站内容。开设外语版网站要有专业、合格的支撑能力，用专业外语队伍保障内容更新，确保语言规范准确，尊重外国受众文化和接受习惯。精心组织设置外语版网站栏目，加快信息更新频率，核心信息尽量与中文版网站基本同步。加强与中央和省（区、市）外宣媒体的合作，解决语言翻译问题。没有相应条件的可暂不开设外语版。

四、完善信息内容支撑体系

（十一）建立信息协调机制。由各地区、各部门办公厅（室）牵头，相关职能部门参加，建立主管主办政府网站的信息内容建设协调机制，统筹业务部门、所属单位和相关方面向政府网站提供信息，分解政策解读、互动回应、舆情处置等任务。各地区、各部门办公厅（室）要根据实际需要，确定一位负责人主持协调机制，每周定期研究政府网站信息内容建设工作，按照"谁主管谁负责"、"谁发布谁负责"，根据职责分工，向有关方面安排落实信息提供任务。办公厅（室）政府信息公开或其他专门工作机构承担日常具体协调工作。

（十二）规范信息发布流程。职能部门要根据不同内容性质分级分类处理，选择信息发布途径和方式，把握好信息内容的基调、倾向、角度，突出重点，放大亮点，谨慎掌握敏感问题的分寸。要明确信息内容提供的责任，严格采集、审核、报送、复制、传递等环节程序，做好信息公开前的保密审查工作，防止失泄密问题。按照政府网站信息内容的格式、方式、发布时限，做好原创性信息的编制和加工，保证所提供的信息内容合法、完整、准确、及时。网站运行管理团队要明确编辑把关环节的责任，做好信息内容接收、筛选、加工、发布等，对时效性要求高的信息随时编辑、上网。杜绝政治错误、内容差错、技术故障。

（十三）加强网上网下融合。业务部门要切实做好网上信息提供、

政策解读、互动回应、舆情处置等线下工作，使线上业务与线下业务同步考虑、同步推进。建立政府网站信息员、联络员制度，在负责提供信息内容的职能部门中聘请若干信息员、联络员，负责网站信息收集、撰写、报送及联络等工作。

（十四）理顺外包服务关系。各地区、各部门要组建网站的专业运行管理团队，负责重要信息内容的发布和把关。对于外包的业务和事项，严格审查服务单位的业务资质、服务能力、人员素质，核实管理制度、响应速度、应急预案，确保服务人员技术水平能够满足网站运行要求。签订合作协议，应划清自主运行和外包服务的关系，明确网站运行管理团队、技术运维团队、信息和服务保障团队的职责与关系，细化外包服务人员、服务内容、服务质量等要求，既加强沟通交流，又做好监督管理，确保人员到位、服务到位。

五、加强组织保障

（十五）完善政府网站内容管理体系。按照属地管理和主管主办的原则，全国政府网站内容管理体系分为中央和地方两个层级：国务院办公厅负责推进全国政府网站信息内容建设，指导省（区、市）和国务院各部门政府网站信息内容建设；省（区、市）政府办公厅负责推进、指导本地区各级各类政府网站信息内容建设。各部门由其办公厅（室）等机构负责推进本部门政府网站信息内容建设，中央垂直管理或以行业管理为主的部门由其办公厅（室）负责管理本系统政府网站信息内容建设。

（十六）推进集约化建设。完善政府网站体系，优化结构布局，在确保安全的前提下，各省（区、市）要建设本地区统一的政府网站技术平台，计划单列市、副省级城市和有条件的地级市可单独建立技术平台。为保障技术安全，加强信息资源整合，避免重复投资，市、县两级政府要充分利用上级政府网站技术平台开办政府网站，已建成的网站可在 3～5 年内迁移到上级政府网站技术平台。县级政府各部门、乡镇政府(街道办事处)不再单独建设政府网站,要利用上级政府网站技术平台开设子站、栏目、频道等,主要提供信息内容,编辑集成、技术安全、运维保障等由上级政府网站承担。国务院各部门要整合所属部门的网站,建设统一的政府网站技术平台。

(十七)建立网站信息内容建设管理规范。国务院办公厅牵头组织编制政府网站发展指引,明确政府网站内容建设、功能要求等。各地区、各部门办公厅(室)要结合本地区、本部门的实际情况和工作特点,制定政府网站内容更新、信息发布、政策解答、协同联动等工作规程,完善政府网站设计、内容搜索、数据库建设、无障碍服务、页面链接等技术规范。加强标准规范宣传与应用推广。

(十八)加强人员和经费等保障。各地区、各部门要在人员、经费、设备等方面为政府网站提供有力保障。要明确具体负责协调推进政府网站内容建设的工作机构和专门人员,建设专业化、高素质网站运行管理队伍,保障网站健康运行、不断发展。各级财政要把政府网站内容保障和运行维护等经费列入预算,并保证逐步有所增加。政府网站经费中要安排相应的部分,用于信息采编、政策解读、互动交流、回应关切等工作,向聘用的信息员、联络员等支付劳动报酬或稿费。

(十九)完善考核评价机制。把政府网站建设管理作为主管主办单位目标考核和绩效考核的内容之一,建立政府网站信息内容建设年度考核评估和督查机制,分级分类进行考核评估,使之制度化、常态化。对考核评估合格且社会评价优秀的政府网站,给予相关单位和人员表扬,推广先进经验。对于不合格的,通报相关主管主办部门和单位,要求限期整改,对分管负责人和工作人员进行问责和约谈。完善专业机构、媒体、公众相结合的社会评价机制,对政府网站开展社会评价和监督,评价过程和结果向社会公开。

(二十)加强业务培训。各地区、各部门要把知网、懂网、用网作为领导干部能力建设的重要内容,引导各级政府领导干部通过政府网

站解读重大政策，回应社会关切。国务院办公厅和各省（区、市）政府办公厅每年要举办培训班或交流研讨会，对政府网站分管负责人和工作人员进行培训，切实提高政府办网和管网水平。

　　各地区、各部门要根据本意见要求制定具体落实措施，并将贯彻落实情况报送国务院办公厅。

国务院办公厅

2014 年 11 月 17 日

附录三

国务院办公厅关于开展
第一次全国政府网站普查的通知

国办发〔2015〕15 号

各省、自治区、直辖市人民政府，国务院各部委、各直属机构：

为推进全国政府网站信息内容建设有关工作，提高政府网站信息发布、互动交流、便民服务水平，全面提升各级政府网站的权威性和影响力，维护政府公信力，经国务院同意，定于 2015 年开展第一次全国政府网站普查。现就有关事项通知如下：

一、目的和范围

（一）普查目的。摸清全国政府网站基本情况，有效解决一些政府网站存在的群众反映强烈的"不及时、不准确、不回应、不实用"等问题。对普查中发现存在问题的网站，督促其整改，问题严重的坚决予以关停，切实消除政府网站"僵尸"、"睡眠"等现象。

（二）普查范围。地方各级人民政府网站，县级以上（含县级）地方人民政府各部门及下属参照公务员法管理的事业单位网站；国务院各部门（含国务院部委管理的国家局，下同）及其内设机构网站，国务院各部门下属参照公务员法管理的事业单位网站。

二、方式和内容

（一）普查方式。各地区、各部门办公厅（室）组织对本地区、本部门政府网站进行检查、自查；国务院办公厅通过系统扫描和人工复核等方式对全国政府网站进行抽查、核查。

（二）普查内容。按照《全国政府网站普查评分表》检查各政府网站的可用性、信息更新情况、互动回应情况和服务实用情况等。

三、时间和进度

普查从 2015 年 3 月开始，到 2015 年 12 月结束，分四个阶段实施。

（一）统计摸底阶段（3~4 月）。各地区、各部门组织本地区、本部门的政府网站开展基本情况调查摸底和有关信息填报工作。各级政府网站要于 4 月 25 日前通过全国政府网站信息报送系统完成《政府网站基本信息表》、《政府网站栏目（系统）基本信息表》填报工作。

（二）检查整改阶段（4~8 月）。各地区、各部门组织对本地区、本部门政府网站开展检查整改，并于 8 月 31 日前向国务院办公厅报送检查整改情况，同时通过全国政府网站信息报送系统填报《全国政府网站普查评分表》。

（三）抽查核查阶段（6~10 月）。国务院办公厅根据各地区、各部门报送的政府网站有关信息，通过系统扫描和人工复核等方式开展抽查核查，同时在中国政府网建立全国政府网站基本信息数据库，设立面向社会的政府网站普查邮箱，方便公众通过数据库查找、使用和监督政府网站，并将使用中发现的问题通过邮箱进行反映。

（四）通报总结阶段（11~12 月）。国务院办公厅组织召开全国政府网站信息内容建设工作交流会及区域性片会，通报普查情况，交流工作经验。

四、组织和实施

（一）县级以上人民政府办公厅（室）要组织做好本级政府及部门政府网站的统计摸底和检查整改工作，填报《政府网站基本信息表》、《政府网站栏目（系统）基本信息表》和《全国政府网站普查评分表》，逐级上报有关情况。

（二）各省（区、市）人民政府办公厅负责组织推进本地区各级政府网站的统计摸底和检查整改工作，并向国务院办公厅报送有关情况。

（三）国务院各部门办公厅（室）负责组织本部门政府网站的统计摸

底和检查整改工作，向国务院办公厅报送有关情况。实行全系统垂直管理部门的数据信息，由有关国务院部门负责汇总报送，不列入地方同级政府报送范围。实行双重管理部门的数据信息，由有关地方政府汇总报送。

（四）各地区、各部门要采取逐级核查等方式，加强对所填报数据信息的审核工作，确保数据信息真实、准确、完整。如发现有关数据信息存在严重缺失或严重错误等问题，国务院办公厅将责成有关地区和部门及时更正并在适当范围内予以通报。

附件：1. 全国政府网站信息报送系统使用说明

2. 全国政府网站普查评分表

3. 政府网站基本信息表

4. 政府网站栏目（系统）基本信息表

国务院办公厅

2015 年 3 月 11 日

（此件公开发布）

附件 1

全国政府网站信息报送系统使用说明（略）

政府网站建设

附件 2

全国政府网站普查评分表

一级指标	二级指标	考察点	扣分细则	存在的问题	扣分
单项否决	站点无法访问	首页打不开的次数占全部监测次数的比例。	监测 1 周，每天间隔性访问 20 次以上，超过(含)15 秒网站仍打不开的次数比例累计超过(含)5%，即单项否决。		—
	网站不更新	首页栏目信息更新情况。如首页仅为网站栏目导航入口，则检查所有二级页面栏目信息的更新情况。	监测 2 周，首页栏目无信息更新的，即单项否决。(注：未注明信息发布时间的视为不更新，下同。)		—
	栏目不更新	1. 动态、要闻、通知公告、政策文件等信息长期未更新的栏目数量； 2. 网站中应更新但长期未更新的栏目数量； 3. 网站中的空白栏目(有栏目无内容)数量。	1. 监测时间点前 2 周内的动态、要闻类栏目，以及监测时间点前 6 个月内的通知公告、政策文件类栏目，累计超过(含)5 个未更新； 2. 网站中应更新但长期未更新的栏目数超过(含)10 个； 3. 空白栏目数量超过(含)5 个。 上述情况出现任意一种，即单项否决。		—
	严重错误	1. 网站存在严重错别字； 2. 网站存在虚假或伪造内容； 3. 网站存在反动、暴力、色情等内容。	网站出现严重错别字(例如，将党和国家领导人姓名写错)、虚假或伪造内容(例如，严重不符合实际情况的文字、图片、视频)以及反动、暴力、色情等内容的，即单项否决。		—
	互动回应差	互动回应类栏目长期未回应的情况。	监测时间点前 1 年内，要求对公众信件、留言及时答复处理的政务咨询类栏目(在线访谈、调查征集、举报投诉类栏目除外)中存在超过三个月未回应的现象，即单项否决。		—

256

（续表）

注：如果网站出现"单项否决"指标中的任意一种情形，则判定为不合格网站，不再对以下指标进行评分。如果网站未存在"单项否决"指标所描述的问题，则对以下指标进行评分，各指标累计扣分超过 40 分的，则同样判定为不合格网站。不合格网站应立即关停整改。

网站可用性	首页可用性	首页打不开的次数占全部监测次数的比例。	监测 1 周，每天间隔性访问 20 次以上，累计超过（含）15 秒网站仍打不开的次数比例每 1% 扣 5 分（累计超过（含）5% 的，直接列入单项否决）。		
	链接可用性	首页及其他页面不能正常访问的链接数量。	1. 首页上的链接（包括图片、附件、外部链接等），每发现一个打不开或错误的，扣 1 分；如首页仅为网站栏目导航入口，则检查所有二级页面上的链接。 2. 其他页面的链接（包括图片、附件、外部链接等），每发现一个打不开或错误的，扣 0.1 分。		
信息更新情况	首页栏目	首页栏目信息更新数量。 如首页仅为网站栏目导航入口，则检查所有二级页面栏目信息更新情况。	监测 2 周，首页栏目信息更新总量少于 10 条的，扣 5 分（2 周内首页栏目信息更新总量为 0 的，直接列入单项否决）。		
	基本信息	1. 基本信息更新是否及时； 2. 基本信息内容是否准确。	1. 监测时间点前 2 周内，动态、要闻类信息，每发现 1 个栏目未更新的，扣 3 分； 2. 监测时间点前 6 个月内，通知公告、政策文件类信息，每发现 1 个栏目未更新的，扣 4 分； 3. 监测时间点前 1 年内，人事、规划计划类信息，每发现 1 个栏目未更新的，扣 5 分； 4. 机构设置及职能、动态、要闻、通知公告、政策文件、规划计划、人事等信息不准确的，每发现 1 次扣 1 分。		

（续表）

互动回应情况	政务咨询类栏目	1. 渠道建设情况； 2. 栏目使用情况。	1. 未开设栏目的，扣5分； 2. 开设了栏目，但监测时间点前1年内栏目中无任何有效信件、留言的，扣5分。		
	调查征集类栏目	1. 渠道建设情况； 2. 调查征集活动开展情况。	1. 未开设栏目的，扣5分； 2. 开设了栏目，但栏目不可用或监测时间点前1年内未开展调查征集活动的，扣5分； 3. 开设了栏目且监测时间点前1年内开展了调查征集活动，但开展次数较少的（地方政府及国务院各部门门户网站少于6次，其他政府网站少于3次），扣3分。		
	互动访谈类栏目	互动访谈开展情况。	1. 开设了栏目，但栏目不可用或监测时间点前1年内未开展互动访谈活动的，扣5分； 2. 开设了栏目且监测时间点前1年内开展了互动访谈活动，但开展次数较少的（地方政府及国务院各部门门户网站少于6次，其他政府网站少于3次），扣3分。		
服务实用情况	办事指南	办事指南要素的完整性、准确性。	1. 办事指南要素类别缺失的（要素类别包括事项名称、设定依据、申请条件、办理材料、办理地点、办理时间、联系电话、办理流程等），每发现一类扣2分； 2. 办事指南要素内容不准确的，每发现一项扣1分。		
	附件下载	所需的办事表格、文件附件等资料能否正常下载。	1. 办事指南中提及的表格和附件未提供下载的，每发现一次扣1分； 2. 办事表格、文件附件等无法下载的，每发现一次扣1分。		
	在线系统	在线申报和查询系统能否正常访问。	在线申报或查询系统不能访问的，每发现一个扣3分。		

注：监测时间点前××（时间）内，是指自监测日期前倒退××（时间）至监测时间点的时期。例如，监测时间点为 3 月 1 日，"监测时间点前 2 个月内"，是指 1 月 1 日至 3 月 1 日。

附件 3

政府网站基本信息表

填表单位（盖章）：

部门／地区	网站名称	ICP备案编号	首页网址	网站主管单位	办公地址	负责人					联系人			
						姓名	职务	办公电话	手机	电子邮箱	姓名	办公电话	手机	电子邮箱

单位负责人：　　　　　　审　核　人：　　　　　　填报人：

联系电话：　　　　　　　填报日期：

附件 4

政府网站栏目（系统）基本信息表

内容类别		栏目（系统）名称	栏目（系统）地址
信息公开类	机构设置及职能		
	工作动态		
	通知公告		
	政策文件		
	规划计划		
	人事信息		
	其他		

内容类别		栏目(系统)名称	栏目(系统)地址
互动回应类	政务咨询类栏目		
	调查征集类栏目		
	互动访谈类栏目		
	其他		
办事服务类	办事指南类栏目		
	在线(申报、查询)系统		
	其他		

注：1. 请根据网站实际情况填写，同类栏目(系统)下设置多个栏目(系统)的，各栏目(系统)之间用分号";"隔开。

2. 确保栏目(系统)地址栏中填入的网址通过互联网可正常访问。

3. "栏目(系统)名称"栏、"栏目(系统)地址"栏内容不得为空，如确实无此类栏目(系统)，请填写"无"。

附录四

国务院办公厅关于在政务公开工作中
进一步做好政务舆情回应的通知

国办发〔2016〕61 号

各省、自治区、直辖市人民政府，国务院各部委、各直属机构：

近年来，随着互联网的迅猛发展，新型传播方式不断涌现，政府的施政环境发生深刻变化，舆情事件频发多发，加强政务公开、做好政务舆情回应日益成为政府提升治理能力的内在要求。经过多年努力，各地区各部门政务公开和舆情回应工作取得较大进展，发布、解读、回应衔接配套的政务公开工作格局基本形成。但是，与互联网对政府治理的要求相比，与人民群众的期待相比，一些地方和部门仍存在工作理念不适应、工作机制不完善、舆情回应不到位、回应效果不理想等问题。为进一步做好政务舆情回应工作，经国务院同意，现就有关事项通知如下：

一、进一步明确政务舆情回应责任

各级政府及其部门要高度重视政务舆情回应工作，切实增强舆情意识，建立健全政务舆情的监测、研判、回应机制，落实回应责任，避免反应迟缓、被动应对现象。对涉及国务院重大政策、重要决策部署的政务舆情，国务院相关部门是第一责任主体。对涉及地方的政务舆情，按照属地管理、分级负责、谁主管谁负责的原则进行回应，涉事责任部门是第一责任主体，本级政府办公厅(室)会同宣传部门做好组织协调工作；涉事责任部门实行垂直管理的，上级部门办公厅(室)会同宣传部门做好组织协调工作。对涉及多个地方的政务舆情，上级政府主管部门是舆情回应的第一责任主体，相关地方按照属地管理原

261

则进行回应。对涉及多个部门的政务舆情，相关部门按照职责分工做好回应工作，部门之间应加强沟通协商，确保回应的信息准确一致，本级政府办公厅（室）会同宣传部门做好组织协调、督促指导工作，必要时可确定牵头部门；对特别重大的政务舆情，本级政府主要负责同志要切实负起领导责任，指导、协调、督促相关部门做好舆情回应工作。

二、把握需重点回应的政务舆情标准

各地区各部门需重点回应的政务舆情是：对政府及其部门重大政策措施存在误解误读的、涉及公众切身利益且产生较大影响的、涉及民生领域严重冲击社会道德底线的、涉及突发事件处置和自然灾害应对的、上级政府要求下级政府主动回应的政务舆情等。舆情监测过程中，如发现严重危害社会秩序和国家利益的造谣传谣行为，相关部门在及时回应的同时，应将有关情况和线索移交公安机关、网络监管部门依法依规进行查处。

三、提高政务舆情回应实效

对涉及特别重大、重大突发事件的政务舆情，要快速反应、及时发声，最迟应在 24 小时内举行新闻发布会，对其他政务舆情应在 48 小时内予以回应，并根据工作进展情况，持续发布权威信息。对监测发现的政务舆情，各地区各部门要加强研判，区别不同情况，进行分类处理，并通过发布权威信息、召开新闻发布会或吹风会、接受媒体采访等方式进行回应。回应内容应围绕舆论关注的焦点、热点和关键问题，实事求是、言之有据、有的放矢，避免自说自话，力求表达准确、亲切、自然。通过召开新闻发布会或吹风会进行回应的，相关部门负责人或新闻发言人应当出席。对出面回应的政府工作人员，要给予一定的自主空间，宽容失误。各地区各部门要适应传播对象化、分众化趋势，进一步提高政务微博、微信和客户端的开通率，充分利用新兴媒体平等交流、互动传播的特点和政府网站的互动功能，提升回应信息的到达率。建立与宣传、网信等部门的快速反应和协调联动机制，加强与有关媒体和网站的沟通，扩大回应信息的传播范围。

四、加强督促检查和业务培训

各地区各部门要以政务舆情回应制度、回应机制、回应效果为重点，定期开展督查，切实做到解疑释惑、澄清事实，赢得公众理解和支持。进一步加大业务培训力度，利用 2 年时间，国务院新闻办牵头对各省(区、市)人民政府、国务院各部门分管负责同志和新闻发言人轮训一遍，各省(区、市)新闻办牵头对省直部门、市县两级政府的分管负责同志和新闻发言人轮训一遍，切实增强公开意识，转变理念，提高发布信息、解读政策、回应关切的能力。

五、建立政务舆情回应激励约束机制

各地区各部门要将政务舆情回应情况作为政务公开的重要内容纳入考核体系。各级政府办公厅(室)要定期对政务舆情回应的经验做法进行梳理汇总，对先进典型以适当方式进行推广交流，发挥好示范引导作用；对工作落实好的单位和个人，按照有关规定进行表彰。要建立政务舆情回应通报批评和约谈制度，定期对舆情回应工作情况进行通报，对工作消极、不作为且整改不到位的单位和个人进行约谈；对不按照规定公开政务，侵犯群众知情权且情节较重的，会同监察机关依法依规严肃追究责任。

国务院办公厅

2016 年 7 月 30 日

政府网站建设

附录五

国务院办公厅印发《关于全面推进
政务公开工作的意见》实施细则的通知

国办发〔2016〕80 号

各省、自治区、直辖市人民政府，国务院各部委、各直属机构：

《〈关于全面推进政务公开工作的意见〉实施细则》已经国务院同意，现印发给你们，请结合实际认真贯彻落实。

国务院办公厅
2016 年 11 月 10 日

《关于全面推进政务公开工作的意见》
实 施 细 则

为贯彻落实中共中央办公厅、国务院办公厅《关于全面推进政务公开工作的意见》要求，进一步推进决策、执行、管理、服务、结果公开(以下统称"五公开")，加强政策解读、回应社会关切、公开平台建设等工作，持续推动简政放权、放管结合、优化服务改革，制定本实施细则。

一、着力推进"五公开"

(一)将"五公开"要求落实到公文办理程序。行政机关拟制公文时，要明确主动公开、依申请公开、不予公开等属性，随公文一并报批，拟不公开的，要依法依规说明理由。对拟不公开的政策性文件，

264

报批前应先送本单位政务公开工作机构审查。部门起草政府政策性文件代拟稿时，应对公开属性提出明确建议并说明理由；部门上报的发文请示件没有明确的公开属性建议的，或者没有依法依规说明不公开理由的，本级政府办公厅(室)可按规定予以退文。

(二)将"五公开"要求落实到会议办理程序。各地区各部门要于2017年底前，建立健全利益相关方、公众代表、专家、媒体等列席政府有关会议的制度，增强决策透明度。提交地方政府常务会议和国务院部门部务会议审议的重要改革方案和重大政策措施，除依法应当保密的外，应在决策前向社会公布决策草案、决策依据，广泛听取公众意见。对涉及公众利益、需要社会广泛知晓的电视电话会议，行政机关应积极采取广播电视、网络和新媒体直播等形式向社会公开。对涉及重大民生事项的会议议题，国务院部门、地方各级行政机关特别是市县两级政府制定会议方案时，应提出是否邀请有关方面人员列席会议、是否公开以及公开方式的意见，随会议方案一同报批；之前已公开征求意见的，应一并附上意见收集和采纳情况的说明。

(三)建立健全主动公开目录。推进主动公开目录体系建设，要坚持以公开为常态、不公开为例外，进一步明确各领域"五公开"的主体、内容、时限、方式等。2017年底前，发展改革、教育、工业和信息化、公安、民政、财政、人力资源社会保障、国土资源、交通运输、环保、住房和城乡建设、商务、卫生计生、海关、税务、工商、质检、安监、食品药品监管、证监、扶贫等国务院部门要在梳理本部门本系统应公开内容的基础上，制定本部门本系统的主动公开基本目录；2018年底前，国务院各部门应全面完成本部门本系统主动公开基本目录的编制工作，并动态更新，不断提升主动公开的标准化规范化水平。

(四)对公开内容进行动态扩展和定期审查。各地区各部门每年要根据党中央、国务院对政务公开工作的新要求以及公众关切，明确政务公开年度工作重点，把握好公开的力度和节奏，稳步有序拓展"五

公开"范围,细化公开内容。各级行政机关要对照"五公开"要求,每年对本单位不予公开的信息以及依申请公开较为集中的信息进行全面自查,发现应公开未公开的信息应当公开,可转为主动公开的应当主动公开,自查整改情况应及时报送本级政府办公厅(室)。各级政府办公厅(室)要定期抽查,对发现的应公开未公开等问题及时督促整改。严格落实公开前保密审查机制,妥善处理好政务公开与保守国家秘密的关系。

(五)推进基层政务公开标准化规范化。在全国选取 100 个县(市、区)作为试点单位,重点围绕基层土地利用总体规划、税费收缴、征地补偿、拆迁安置、环境治理、公共事业投入、公共文化服务、扶贫救灾等群众关切信息,以及劳动就业、社会保险、社会救助、社会福利、户籍管理、宅基地审批、涉农补贴、医疗卫生等方面的政务服务事项,开展"五公开"标准化规范化试点工作,探索适应基层特点的公开方式,通过两年时间形成县乡政府政务公开标准规范,总结可推广、可复制的经验,切实优化政务服务,提升政府效能,破解企业和群众"办证多、办事难"问题,打通政府联系服务群众"最后一公里"。

二、强化政策解读

(一)做好国务院重大政策解读工作。国务院部门是国务院政策解读的责任主体,要围绕国务院重大政策法规、规划方案和国务院常务会议议定事项等,通过参加国务院政策例行吹风会、新闻发布会、撰写解读文章、接受媒体采访和在线访谈等方式进行政策解读,全面深入介绍政策背景、主要内容、落实措施及工作进展,主动解疑释惑,积极引导国内舆论、影响国际舆论、管理社会预期。

国务院发布重大政策,国务院相关部门要进行权威解读,新华社进行权威发布,各中央新闻媒体转发。部门主要负责人是"第一解读人和责任人",要敢于担当,通过发表讲话、撰写文章、接受访谈、参加发布会等多种方式,带头解读政策,传递权威信息。对以国务院或国务院办公厅名义印发的重大政策性文件，起草部门在上报代拟稿时应一并报送政策解读方案和解读材料，并抓好落实。需配发新闻稿件的，文件牵头起草部门应精心准备，充分征求相关部门意见，经本部门主要负责人审签，按程序报批后，由中央主要媒体播发。要充分发挥各部门政策参与制定者和掌握相关政策、熟悉有关领域业务的专家学者的作用，围绕国内外舆论关切，多角度、全方位、有序有效阐释政策，着力提升解读的权威性和针对性。对一些专业性较强的政策，进行形象化、通俗化解读，多举实例，多讲故事。

充分运用中央新闻媒体及所属网站、微博微信和客户端做好国务院重大政策宣传解读工作，发挥主流媒体"定向定调"作用，正确引导舆论。注重利用商业网站以及都市类、专业类媒体，做好分众化对象化传播。宣传、网信部门要加强指导协调，组织开展政策解读典型案例分析和效果评估，不断总结经验做法，督促问题整改，切实增强政策解读的传播力和影响力。

国务院政策例行吹风会是解读重大政策的重要平台，各部门要高度重视，主要负责人要积极参加，围绕吹风会议题，精心准备，加强衔接协调，做到精准吹风。对国际舆论重要关切事项，相关部门主要负责人要面向国际主流媒体，通过集体采访、独家访谈等多种形式，深入阐释回应，进一步提升吹风会实效。遇有重大突发事件和重要社会关切，相关部门主要负责人要及时主动参加吹风会，表明立场态度，发出权威声音。对各部门主要负责人参加国务院政策例行吹风会的情况要定期通报。

(二)加强各地区各部门政策解读工作。各地区各部门要按照"谁起草、谁解读"的原则，做好政策解读工作。以部门名义印发的政策性文件，制发部门负责做好解读工作；部门联合发文的，牵头部门负责做好解读工作，其他联合发文部门配合。以政府名义印发的政策性文件，由起草部门做好解读工作。解读政策时，着重解读政策措施的背景依据、目标任务、主要内容、涉及范围、执行标准，以及注意事项、关键词诠释、惠民利民举措、新旧政策差异等，使政策内涵透明，避免误解误读。

坚持政策性文件与解读方案、解读材料同步组织、同步审签、同步部署。以部门名义印发的政策性文件，报批时应当将解读方案、解读材料一并报部门负责人审签。对以政府名义印发的政策性文件，牵头起草部门上报代拟稿时应将经本部门主要负责人审定的解读方案和解读材料一并报送，上报材料不齐全的，政府办公厅（室）按规定予以退文。文件公布前，要做好政策吹风解读和预期引导；文件公布时，相关解读材料应与文件同步在政府网站和媒体发布；文件执行过程中，要密切跟踪舆情，分段、多次、持续开展解读，及时解疑释惑，不断增强主动性、针对性和时效性。

对涉及群众切身利益、影响市场预期等重要政策，各地区各部门要善于运用媒体，实事求是、有的放矢开展政策解读，做好政府与市场、与社会的沟通工作，及时准确传递政策意图。要重视收集反馈的信息，针对市场和社会关切事项，更详细、更及时地做好政策解读，减少误解猜疑，稳定预期。

三、积极回应关切

（一）明确回应责任。按照属地管理、分级负责、谁主管谁负责的原则，做好政务舆情的回应工作，涉事责任部门是第一责任主体。对涉及国务院重大政策、重要工作部署的政务舆情，国务院相关部门是回应主体；涉及地方的政务舆情，属地涉事责任部门是回应主体；涉及多个地方的政务舆情，上级政府主管部门是回应主体。政府办公厅（室）会同宣传部门做好组织协调工作。

（二）突出舆情收集重点。重点了解涉及党中央国务院重要决策部署、政府常务会议和国务院部门部务会议议定事项的政务舆情信息；涉及公众切身利益且可能产生较大影响的媒体报道；引发媒体和公众关切、可能影响政府形象和公信力的舆情信息；涉及重大突发事件处置和自然灾害应对的舆情信息；严重冲击社会道德底线的民生舆情信息；严重危害社会秩序和国家利益的不实信息等。

（三）做好研判处置。建立健全政务舆情收集、会商、研判、回应、评估机制，对收集到的舆情加强研判，区别不同情况，进行分类处置。对建设性意见建议，吸收采纳情况要对外公开。对群众反映的实际困难，研究解决的情况要对外公布。对群众反映的重大问题，调查处置情况要及时发布。对公众不了解情况、存在模糊认识的，要主动发布权威信息，解疑释惑，澄清事实。对错误看法，要及时发布信息进行引导和纠正。对虚假和不实信息，要在及时回应的同时，将涉嫌违法的有关情况和线索移交公安机关、网络监管部门依法依规进行查处。进一步做好专项回应引导工作，重点围绕"两会"、经济数据发布和经济形势、重大改革举措、重大督查活动、重大突发事件等，做好舆情收集、研判和回应工作。

（四）提升回应效果。对涉及群众切身利益、影响市场预期和突发公共事件等重点事项，要及时发布信息。对涉及特别重大、重大突发事件的政务舆情，要快速反应，最迟要在 5 小时内发布权威信息，在 24 小时内举行新闻发布会，并根据工作进展情况，持续发布权威信息，有关地方和部门主要负责人要带头主动发声。针对重大政务舆情，建立与宣传、网信等部门的快速反应和协调联动机制，加强与有关新闻媒体和网站的沟通联系，着力提高回应的及时性、针对性、有效性。通过购买服务、完善大数据技术支撑等方式，用好专业力量，提高舆情分析处置的信息化水平。

四、加强平台建设

（一）强化政府网站建设和管理。各级政府办公厅（室）是本级政府网站建设管理的第一责任主体，负责本级政府门户网站建设以及对本地区政府网站的监督和管理；要加强与网信、编制、工信、公安、保密等部门的协作，对政府网站的开办、建设、定级、备案、运维、等级保护测评、服务、互动、安全和关停等进行监管。建立健全政府网站日常监测机制，及时发现和解决本地区、本系统政府网站存在的突出问题。推进网站集约化建设，将没有人力、财力保障的基层网站迁移到上级政府网站技术平台统一运营或向安全可控云服务平台迁移。加快出台全国政府网站发展指引，明确网站功能定位以及相关标准和要求，分区域分层级分门类对网站从开办到关停的全生命周期进行规范。

（二）加强网站之间协同联动。打通各地区各部门政府网站，加强资源整合和开放共享，提升网站的集群效应，形成一体化的政务服务网络。国务院通过中国政府网发布的对全局工作有指导意义、需要社会广泛知晓的重要政策信息，国务院各部门和地方各级政府网站要即时充分转载；涉及某个行业或地区的政策信息，有关部门和地方网站应及时转载。国务院办公厅定期对国务院部门、省级政府、市县政府门户网站转载情况进行专项检查。要加强政府网站与主要新闻媒体、新闻网站、商业网站的联动，通过合办专栏专版等方式，提升网站的集群和扩散效应，形成传播合力，提升传播效果。

（三）充分利用新闻媒体平台。新闻媒体是政务公开的重要平台。各级政府及其部门要在立足政府网站、政务微博微信、政务客户端等政务公开自有平台的基础上，加强与宣传、网信等部门以及新闻媒体的沟通联系，充分运用新闻媒体资源，做好政务公开工作。要通过主动向媒体提供素材，召开媒体通气会，推荐掌握相关政策、熟悉相关领域业务的专家学者接受媒体访谈等方式，畅通媒体采访渠道，更好地发挥新闻媒体的公开平台作用。积极安排中央和地方主流媒体及其新媒体负责人列席有关会议，进一步扩大政务公开的覆盖面和影响力。

（四）发挥好政府公报的标准文本作用。政府公报要及时准确刊登本级政府及其部门发布的规章和规范性文件，做到应登尽登，为公众查阅、司法审判等提供有效的标准文本。各级政府要推进历史公报数字化工作，争取到"十三五"期末，建立覆盖创刊以来本级政府公报刊登内容的数据库，在本级政府网站等提供在线服务，方便公众查阅。

五、扩大公众参与

（一）明确公众参与事项范围。围绕政府中心工作，细化公众参与事项的范围，让公众更大程度参与政策制定、执行和监督。国务院部门要重点围绕国民经济和社会发展计划、重大规划，国家和社会管理重要事务、法律议案和行政法规草案等，根据需要通过多种方式扩大公众参与。省级政府要重点围绕国民经济和社会发展规划、年度计划，省级社会管理事务、政府规章和重要政策措施、重大建设项目等重要决策事项，着力做好公众参与工作。市县级政府要重点围绕市场监管、经济社会发展和惠民政策措施的执行落地，着力加强利益相关方和社会公众的参与。

（二）规范公众参与方式。完善民意汇集机制，激发公众参与的积极性。涉及重大公共利益和公众权益的重要决策，除依法应当保密的外，须通过征求意见、听证座谈、咨询协商、列席会议、媒体吹风等方式扩大公众参与。行政机关要严格落实法律法规规定的听证程序，提高行政执法的透明度和认可度。发挥好人大代表、政协委员、民主党派、人民团体、社会公众、新闻媒体的监督作用，积极运用第三方评估等方式，做好对政策措施执行情况的评估和监督工作。公开征求意见的采纳情况应予公布，相对集中的意见建议不予采纳的，公布时要说明理由。

（三）完善公众参与渠道。积极探索公众参与新模式，不断拓展政府网站的民意征集、网民留言办理等互动功能，积极利用新媒体搭建公众参与新平台，加强政府热线、广播电视问政、领导信箱、政府开放日等平台建设，提高政府公共政策制定、公共管理、公共服务的响应速度，增进公众对政府工作的认同和支持。

六、加强组织领导

（一）强化地方政府责任。地方各级政府要充分认识互联网环境下做好政务公开工作的重大意义，转变理念，提高认识，将政务公开纳入重要议事日程，主要负责人亲自抓，明确一位分管负责人具体抓，推动本地区各级行政机关做好信息公开、政策解读、回应关切等工作。主要负责人每年至少听取一次政务公开工作汇报，研究推动工作，有关情况和分管负责人工作分工应对外公布。要组织实施好基层政务公开标准化规范化试点工作，让政府施政更加透明高效，便利企业和群众办事创业。

（二）建立健全政务公开领导机制。调整全国政务公开领导小组，协调处理政务公开顶层设计和重大问题，部署推进工作。各地区各部门也要建立健全政务公开协调机制。各级政府政务公开协调机制成员单位由政府有关部门、宣传部门、网信部门等组成。

（三）完善政务公开工作机制。各地区各部门要整合力量，理顺机制，明确承担政务公开工作的机构，配齐配强工作人员。政务公开机构负责组织协调、指导推进、监督检查本地区本系统的政务公开工作，做好本行政机关信息公开、政府网站、政府公报、政策解读、回应关切、公众参与等工作。在政务公开协调机制下，各级政府及其部门要与宣传部门、网信部门紧密协作，指导协调主要媒体、重点新闻网站和主要商业网站，充分利用各媒体平台、运用全媒体手段做好政务公开工作。各地区各部门要完善信息发布协调机制，对涉及其他地方、部门的政府信息，应当与有关单位沟通确认，确保发布的信息准确一致。

（四）建立效果评估机制。政府办公厅（室）要建立健全科学、合理、有效的量化评估指标体系，适时通过第三方评估、民意调查等方式，加强对信息公开、政策解读、回应关切、媒体参与等方面的评估，并根据评估结果不断调整优化政务公开的方式方法。评估结果要作为政务公开绩效考核的重要参考。

（五）加强政务公开教育培训。各地区各部门要制定政务公开专项业务培训计划，组织开展业务培训和研讨交流，2018 年底前对政务公开工作人员轮训一遍。各级行政学院等干部培训院校应将政务公开纳入干部培训课程，着力强化各级领导干部在互联网环境下的政务公开理念，提高指导、推动政务公开工作的能力和水平。政务公开工作人员要加强政策理论学习和业务研究，准确把握政策精神，增强专业素养。

（六）强化考核问责机制。各地区各部门要将信息公开、政策解读、回应关切、媒体参与等方面情况作为政务公开的重要内容纳入绩效考核体系，政务公开工作分值权重不应低于 4%。强化政务公开工作责任追究，定期对政务公开工作开展情况进行督查，对政务公开工作推动有力、积极参与的单位和个人，要按照有关规定进行表彰；对重要信息不发布、重大政策不解读、热点回应不及时的，要严肃批评、公开通报；对弄虚作假、隐瞒实情、欺骗公众，造成严重社会影响的，要依纪依法追究相关单位和人员责任。

政务公开是行政机关全面推进决策、执行、管理、服务、结果全过程公开，加强政策解读、回应关切、平台建设、数据开放，保障公众知情权、参与权、表达权和监督权，增强政府公信力执行力，提升政府治理能力的制度安排。各级行政机关、法律法规授权的具有管理公共事务职能的组织为《关于全面推进政务公开工作的意见》的适用主体，公共企业事业单位参照执行。公民、法人和其他组织向行政机关申请获取相关政府信息的，行政机关应依据《中华人民共和国政府信息公开条例》的规定妥善处理。

附录六

国务院办公厅关于印发
政府网站发展指引的通知

国办发〔2017〕47 号

各省、自治区、直辖市人民政府，国务院各部委、各直属机构：

《政府网站发展指引》已经国务院同意，现印发给你们，请认真贯彻执行。

国务院办公厅

2017 年 5 月 15 日

政府网站发展指引

为进一步加强政府网站管理，引领各级政府网站创新发展，深入推进互联网政务信息数据和便民服务平台建设，提升政府网上服务能力，按照党中央、国务院关于全面推进政务公开和"互联网＋政务服务"的要求，结合各地区、各部门政府网站工作实际，制定本指引。

本指引所称政府网站是指各级人民政府及其部门、派出机构和承担行政职能的事业单位在互联网上开办的，具备信息发布、解读回应、办事服务、互动交流等功能的网站。

各地区、各部门可参照本指引制定本地区、本部门政府网站管理办法，规范网站域名，严格开办流程，加强监管考核，推进资源集约，实现政府网站有序健康发展。

一、总体要求

（一）指导思想。

全面贯彻党的十八大和十八届三中、四中、五中、六中全会精神，深入贯彻习近平总书记系列重要讲话精神和治国理政新理念新思想新战略，认真落实党中央、国务院决策部署，统筹推进"五位一体"总体布局和协调推进"四个全面"战略布局，牢固树立和贯彻落实创新、协调、绿色、开放、共享的发展理念，按照建设法治政府、创新政府、廉洁政府和服务型政府的要求，适应人民期待和需求，打通信息壁垒，推动政务信息资源共享，不断提升政府网上履职能力和服务水平，以信息化推进国家治理体系和治理能力现代化，让亿万人民在共享互联网发展成果上有更多获得感。

（二）发展目标。

适应互联网发展变化，推进集约共享，持续开拓创新，到2020年，将政府网站打造成更加全面的政务公开平台、更加权威的政策发布解读和舆论引导平台、更加及时的回应关切和便民服务平台，以中国政府网为龙头、部门和地方各级政府网站为支撑，建设整体联动、高效惠民的网上政府。

（三）基本原则。

1. 分级分类。根据经济社会发展水平和公众需求，科学划定网站类别，分类指导，规范建设。统筹考虑各级各类政府网站功能定位，突出特色，明确建设模式和发展方向。

2. 问题导向。针对群众反映强烈的更新不及时、信息不准确、资源不共享、互动不回应、服务不实用等问题，完善体制机制，深化分工协作，加强政府网站内容建设。

3. 利企便民。围绕企业群众需求，推进政务公开，优化政务服务，提升用户体验，提供可用、实用、易用的互联网政务信息数据服务和便民服务。

4. 开放创新。坚持开放融合、创新驱动，充分利用大数据、云计算、人工智能等技术，探索构建可灵活扩展的网站架构，创新服务模式，打造智慧型政府网站。

5. 集约节约。加强统筹规划和顶层设计，优化技术、资金、人员等要素配置，避免重复建设，以集中共享的资源库为基础、安全可控的云平台为依托，打造协同联动、规范高效的政府网站集群。

二、职责分工

（一）管理职责。

国务院办公厅是全国政府网站的主管单位，负责推进、指导、监督全国政府网站建设和发展。各省（区、市）人民政府办公厅、国务院各部门办公厅（室）是本地区、本部门政府网站的主管单位，实行全系统垂直管理的国务院部门办公厅（室）是本系统网站的主管单位。主管单位负责对政府网站进行统筹规划和监督考核，做好开办整合、安全管理、考核评价和督查问责等管理工作。地市级和县级人民政府办公厅（室）承担本地区政府网站的管理职责。

中央网信办统筹协调全国政府网站安全管理工作。中央编办、工业和信息化部、公安部是全国政府网站的协同监管单位，共同做好网站标识管理、域名管理和 ICP 备案、网络安全等级保护、打击网络犯罪等工作。

（二）办站职责。

1. 政府网站的主办单位一般是政府办公厅（室）或部门办公厅（室），承担网站的建设规划、组织保障、健康发展、安全管理等职责。主办单位可指定办公厅（室）内设机构或委托其他专门机构作为承办单位，具体落实主办单位的相关要求，承担网站技术平台建设维护、安全防护，以及展现设计、内容发布、审核检查和传播推广等日常运行保障工作。集约化网站平台的职责划分见本指引相关部分。

2. 政府网站内容素材主要由产生可公开政务信息数据和具有对外

政务服务职能的业务部门提供。相关业务部门要积极利用政府网站发布信息、提供服务，确保所提供信息内容权威、准确、及时；建立保密审查机制，严禁涉密信息上网，不得泄露个人隐私和商业秘密；主动做好有关业务系统与政府网站的对接。政府网站要对接入的业务系统进行前端整合，统一展现。要根据业务部门的需要，灵活设置专栏专题，共同策划开展线上线下联动的专项活动，主动服务政府工作。

3. 政府网站内容编辑要有专门人员负责。具体负责网站内容的及时发布更新、数据资源的统一管理、信息服务的整合加工、互动诉求的响应处理、展现形式的优化创新等。做好信息内容的策划、采集、编制和发布，加强值班审看，及时发现和纠正错漏信息，确保网站内容准确、服务实用好用。

4. 政府网站技术运维要有专门人员负责。具体负责网站平台的建设和技术保障，做好软硬件系统维护、功能升级、应用开发等工作。按照网络安全法等法律法规和政策标准要求，开展检测评估和安全建设，并定期对网站进行安全检查，及时消除隐患。不断完善防攻击、防篡改、防病毒等安全防护措施，加强日常巡检和监测，发现问题或出现突发情况要及时妥善处理，确保网站平台安全、稳定、高效运行。

三、开设与整合

（一）网站开设。

政府网站分为政府门户网站和部门网站。县级以上各级人民政府及其部门原则上一个单位最多开设一个网站。

1. 分类开设。政府门户网站。县级以上各级人民政府、国务院部门要开设政府门户网站。乡镇、街道原则上不开设政府门户网站，通过上级政府门户网站开展政务公开，提供政务服务。已有的乡镇、街道网站要尽快将内容整合至上级政府门户网站。确有特殊需求的乡镇、街道，参照政府门户网站开设流程提出申请获批后，可保留或开设网站。

部门网站。省级、地市级政府部门，以及实行全系统垂直管理部门设在地方的县处级以上机构可根据需要开设本单位网站。

县级政府部门原则上不开设政府网站，通过县级政府门户网站开展政务公开，提供政务服务。已有的县级政府部门网站要尽快将内容整合至县级政府门户网站。确有特殊需求的县级政府部门，参照部门网站开设流程提出申请获批后，可保留或开设网站。

各地区、各部门开展重大活动或专项工作时，原则上不单独开设专项网站，可在政府门户网站或部门网站开设专栏专题做好相关工作。已开设的专项网站，只涉及单个政府部门职责的，要尽快将内容整合至相关政府网站；涉及多个政府部门职责的，要将内容整合至政府门户网站或牵头部门网站。

2. 开设流程。(1)省级政府和国务院部门拟开设门户网站，报经本地区、本部门主要负责同志同意后，由本地区、本部门办公厅(室)按流程办理有关事宜，并报国务院办公厅备案。地市级、县级人民政府拟开设政府门户网站，要经本级政府主要负责同志同意后，由本级政府办公厅(室)向上级政府办公厅(室)提出申请，逐级审核，并报省(区、市)人民政府办公厅批准。

省级、地市级人民政府部门拟开设部门网站，要经本部门主要负责同志同意后，向本级人民政府办公厅(室)提出申请，逐级审核，并报省(区、市)人民政府办公厅批准。实行全系统垂直管理的基层部门拟开设部门网站，要经本部门主要负责同志同意后，向上级部门办公厅(室)提出申请，逐级审核，并报国务院有关部门办公厅(室)批准。

(2)政府网站主办单位向编制部门提交加挂党政机关网站标识申请，按流程注册政府网站域名；向当地电信主管部门申请 ICP 备案；根据网络系统安全管理的相关要求向公安机关备案。

(3)政府网站主办单位提交网站基本信息，经逐级审核并报国务院办公厅获取政府网站标识码后，网站方可上线运行。新开通政府门户网站要在上级政府门户网站发布开通公告；新开通部门网站要在本级政府门户网站发布开通公告。未通过安全检测的政府网站不得上线运行。

3. 名称规范。政府门户网站和部门网站要以本地区、本部门机构名称命名。已有名称不符合要求的，要尽快调整，或在已有名称显示区域加注规范名称。政府网站要在头部标识区域显著展示网站全称。

4. 域名规范。政府网站要使用以 . gov. cn 为后缀的英文域名和符合要求的中文域名，不得使用其他后缀的英文域名。中央人民政府门户网站使用"www. gov. cn"域名，其他政府门户网站使用"www. □□□. gov. cn"结构的域名，其中□□□为本地区、本部门机构名称拼音或英文对应的字符串。如，北京市人民政府门户网站域名为 www. beijing. gov. cn，商务部门户网站域名为 www. mofcom. gov. cn。

部门网站要使用本级政府或上级部门门户网站的下级域名，其结构应为"○○○. □□□. gov. cn"，其中○○○为本部门名称拼音或英文对应的字符串。如，保定市水利局网站域名为 slj. bd. gov. cn。

政府网站不宜注册多个域名，已有域名不符合要求的，要逐步注销。如有多个符合要求的域名，应明确主域名。网站栏目和内容页的网址原则上使用"www. □□□. gov. cn/.../..."、"○○○. □□□. gov. cn/.../..."形式。新开设的政府网站及栏目、内容页域名要按照本指引要求设置，原有域名不符合本指引要求的要逐步调整规范。

5. 徽标和宣传语。徽标(Logo)是打造政府网站品牌形象的重要视觉要素。各地区、各部门可根据区域特色或部门特点设计网站徽标，徽标应特点鲜明、容易辨认、造型优美，便于记忆和推广。

政府网站一般不设置宣传语。如确有需要，可根据本地区、本部门的发展理念和目标等设计展示。

（二）网站整合。

政府门户网站一般不得关停。网站改版升级应在确保正常运行的情况下进行。

1. 网站迁移。政府网站因无力维护、主办单位撤销合并或按有关集约化要求需永久下线的，原有内容应做整合迁移。整合迁移由主办单位提出申请，逐级审核，经省（区、市）人民政府办公厅或国务院部门办公厅（室）审批同意后，方可启动。拟迁移网站要在网站首页显著位置悬挂迁移公告信息，随后向管理部门注销注册标识、证书信息（如 ICP 备案编号、党政机关网站标识、公安机关备案标识等）和域名，向国务院办公厅报告网站变更状态。网站完成迁移后，要在上级政府网站或本级政府门户网站发布公告，说明原有内容去向。有关公告信息原则上至少保留 30 天。

2. 临时下线。政府网站由于整改等原因需要临时下线的，由主办单位提出申请，逐级审核，经省（区、市）人民政府办公厅或国务院部门办公厅（室）审批同意后，方可临时下线，同时在本网站和本级政府门户网站发布公告。临时下线每年不得超过 1 次，下线时间不得超过 30 天。

政府网站如遇不可抗因素导致长时间断电、断网等情况，或因无法落实有关安全要求被责令紧急关停，相关省（区、市）人民政府办公厅或国务院部门办公厅（室）要及时以书面形式向国务院办公厅报备，不计入当年下线次数。

未按有关程序和要求，自行下线政府网站或未按要求整改的，相关省（区、市）人民政府办公厅或国务院部门办公厅（室）要对网站的主办单位负责人严肃问责。

3. 网页归档。网页归档是对政府网站历史网页进行整理、存储和利用的过程。政府网站遇整合迁移、改版等情况，要对有价值的原网页进行归档处理。归档后的页面要能正常访问，并在显著位置清晰注明"已归档"和归档时间。

（三）变更备案。

因机构调整、网站改版等原因，政府网站主办单位、负责人、联系方式、网站域名、栏目的主体结构或访问地址等信息发生变更的，应及时向上级主管单位备案并更新相关信息。网站域名发生变更的，要在原网站发布公告。

四、网站功能

政府网站功能主要包括信息发布、解读回应和互动交流，政府门户网站和具有对外服务职能的部门网站还要提供办事服务功能。中国政府网要发挥好政务公开第一平台和政务服务总门户作用，构建开放式政府网站系统架构，省级政府和国务院各部门网站要主动与中国政府网做好对接。

（一）信息发布。

各地区、各部门要建立完善政府网站信息发布机制，及时准确发布政府重要会议、重要活动、重大决策信息。国务院文件在中国政府网公开发布后，各地区、各部门要及时在本地区、本部门网站转载，加大宣传力度，抓好国务院文件的贯彻落实。

政府网站要对发布的信息和数据进行科学分类、及时更新，确保准确权威，便于公众使用。对信息数据无力持续更新或维护的栏目要进行优化调整。已发布的静态信息发生变化或调整时，要及时更新替换。政府网站使用地图时，要采用测绘地信部门发布的标准地图或依法取得审图号的地图。

1. 概况信息。发布经济、社会、历史、地理、人文、行政区划等介绍性信息。

2. 机构职能。发布机构设置、主要职责和联系方式等信息。在同一网站发布多个机构职能信息时，要集中规范发布，统一展现形式。

3. 负责人信息。发布本地区、本部门、本机构的负责人信息，可包括姓名、照片、简历、主管或分管工作等，以及重要讲话文稿。

4. 文件资料。发布本地区、本部门出台的法规、规章、应主动公开的政府文件以及相关法律法规等，应提供准确的分类和搜索功能。如相关文件资料发生修改、废止、失效等情况，应及时公开，并在已发布的原文件上作出明确标注。

5. 政务动态。发布本地区、本部门政务要闻、通知公告、工作动态等需要社会公众广泛知晓的信息，转载上级政府网站、本级政府门户网站发布的重要信息。发布或转载信息时，应注明来源，确保内容准确无误。对于重要信息，有条件的要配发相关图片视频。

6. 信息公开指南、目录和年报。发布政府信息公开指南和政府信息公开目录，并及时更新。信息公开目录要与网站文件资料库、有关栏目内容关联融合，可通过目录检索到具体信息，方便公众查找。按要求发布政府信息公开工作年度报告。

7. 数据发布。发布人口、自然资源、经济、农业、工业、服务业、财政金融、民生保障等社会关注度高的本地区本行业统计数据。加强与业务部门相关系统的对接，通过数据接口等方式，动态更新相关数据，并做好与本级政府门户网站、中国政府网等网站的数据对接和前端整合。要按照主题、地区、部门等维度对数据进行科学合理分类，并通过图表图解、地图等可视化方式展现和解读。提供便捷的数据查询功能，可按数据项、时间周期等进行检索，动态生成数据图表，并提供下载功能。

8. 数据开放。在依法做好安全保障和隐私保护的前提下，以机器可读的数据格式，通过政府网站集中规范向社会开放政府数据集，并持续更新，提供数据接口，方便公众开发新的应用。数据开放前要进行保密审查和脱敏处理，对过期失效的数据应及时清理更新或标注过期失效标识。政府网站要公开已在网站开放的数据目录，并注明各数据集浏览量、下载量和接口调用等情况。国家政府数据统一开放平台与中国政府网要做好数据对接和前端整合，形成统一的数据开放入口。

（二）解读回应。

1. 政府网站发布本地区、本部门的重要政策文件时，应发布由文件制发部门、牵头或起草部门提供的解读材料。通过发布各种形式的解读、评论、专访，详细介绍政策的背景依据、目标任务、主要内容和解决的问题等。国务院文件公开发布时，应在中国政府网同步发布文件新闻通稿和配套政策解读材料。

2. 政府网站应根据拟发布的政策文件和解读材料，会同业务部门制作便于公众理解和互联网传播的解读产品，从公众生产生活实际需求出发，对政策文件及解读材料进行梳理、分类、提炼、精简，重新归纳组织，通过数字化、图表图解、音频、视频、动漫等形式予以展现。网站解读产品须与文件内容相符，于文件上网后及时发布。

3. 政府网站应做好政策文件与解读材料的相互关联，在政策文件页面提供解读材料页面入口，在解读材料页面关联政策文件有关内容。及时转载对政策文件精神解读到位的媒体评论文章，形成传播合力，增强政策的传播力、影响力。

4. 对涉及本地区、本部门的重大突发事件，要在宣传部门指导下，按程序及时发布由相关回应主体提供的回应信息，公布客观事实，并根据事件发展和工作进展发布动态信息，表明政府态度。对社会公众关注的热点问题，要邀请相关业务部门作出权威、正面的回应，阐明政策，解疑释惑。对涉及本地区、本部门的网络谣言，要及时发布相关部门辟谣信息。回应信息要主动向各类传统媒体和新媒体平台推送，扩大传播范围，增强互动效果。

（三）办事服务。

1. 各省（区、市）人民政府、国务院有关部门要依托政府门户网站，整合本地区、本部门政务服务资源与数据，加快构建权威、便捷的一体化互联网政务服务平台。中国政府网是全国政务服务的总门户，

各地区、各部门网上政务服务平台要主动做好对接。

政府网站要设置统一的办事服务入口，发布本地区、本部门政务服务事项目录，集中提供在线服务。要编制网站在线服务资源清单，按主题、对象等维度，对服务事项进行科学分类、统一命名、合理展现。应标明每一服务事项网上可办理程度，能全程在线办理的要集中突出展现。对非政务服务事项要严格审核，谨慎提供，确保安全。

2. 办事服务功能要有机关联文件资料库、互动交流平台、答问知识库中的信息资源，在事项列表页或办事指南页提供相关法律法规、政策文件、常见问题、咨询投诉和监督举报入口等，实现一体化服务。省级政府、国务院部门网站建设的文件资料库、答问知识库等信息服务资源应主动与中国政府网对接，形成互联互通的政务信息资源库。

3. 整合业务部门办事服务系统前端功能，利用电子证照库和统一身份认证，综合提供在线预约、在线申报、在线咨询、在线查询以及电子监察、公众评价等功能，实现网站统一受理、统一记录、统一反馈。

4. 细化规范办事指南，列明依据条件、流程时限、收费标准、注意事项、办理机构、联系方式等；明确需提交材料的名称、依据、格式、份数、签名签章等要求，并提供规范表格、填写说明和示范文本，确保内容准确，并与线下保持一致。

5. 全程记录企业群众在线办事过程，对查阅、预约、咨询、申请、受理、反馈等关键数据进行汇总分析，为业务部门简化优化服务流程、便捷企业群众办事提供参考。

（四）互动交流。

1. 政府门户网站要搭建统一的互动交流平台，根据工作需要，实现留言评论、在线访谈、征集调查、咨询投诉和即时通讯等功能，为听取民意、了解民愿、汇聚民智、回应民声提供平台支撑。部门网站开设互动交流栏目尽量使用政府门户网站统一的互动交流平台。互动

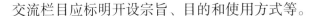

交流栏目应标明开设宗旨、目的和使用方式等。

2. 信息发布、解读回应和办事服务类栏目要通过统一的互动交流平台提供留言评论等功能，实现数据汇聚、统一处理。

3. 政府网站开设互动交流栏目，要加强审核把关和组织保障，确保网民有序参与，提高业务部门互动频率、增强互动效果。建立网民意见建议的审看、处理和反馈等机制，做到件件有落实、事事有回音，更好听民意、汇民智。地方和部门网站对中国政府网转办的网民意见建议，要认真研究办理、及时反馈。

4. 对收集到的意见建议要认真研判，起草的舆情信息要客观真实反映群众心声和关切重点，有参考价值的政策建议要按程序转送业务部门研究办理，提出答复意见。有关单位提供的回复内容出现敷衍推诿、答非所问等情况的，要予以退回并积极沟通，督促相关单位重新回复。

5. 做好意见建议受理反馈情况的公开工作，列清受理日期、答复日期、答复部门、答复内容以及有关统计数据等。开展专项意见建议征集活动的，要在网站上公布采用情况。以电子邮箱形式接受网民意见建议的，要每日查看邮箱信件，及时办理并公开信件办理情况。

6. 定期整理网民咨询及答复内容，按照主题、关注度等进行分类汇总和结构化处理，编制形成知识库，实行动态更新。在网民提出类似咨询时，推送可供参考的答复口径。

五、集约共享

集约化是解决政府网站"信息孤岛"、"数据烟囱"等问题的有效途径。要通过统一标准体系、统一技术平台、统一安全防护、统一运维监管，集中管理信息数据，集中提供内容服务，实现政府网站资源优化融合、平台整合安全、数据互认共享、管理统筹规范、服务便捷高效。

（一）按职责推进集约化。

1. 各省（区、市）要建设本地区政府网站集约化平台。副省级城市、有条件的地级市或直辖市所辖的区（县）经省（区、市）人民政府办公厅批准后，可建设本地区政府网站集约化平台，并与省级平台实现互联互通和协同联动。

国务院部门要建设本部门政府网站集约化平台，内设机构不得单独建设网站技术平台。实行全系统垂直管理的国务院部门原则上要建设本系统政府网站集约化平台，可根据实际情况建设国务院部门和省级垂直管理部门两级平台。

各省（区、市）人民政府办公厅和国务院部门办公厅（室）负责本地区、本部门政府网站集约化工作的统筹推进、组织协调和考核管理，要指定专门机构研究集约化平台的建设需求、技术路线、系统架构、部署策略、运维机制、安全防护体系等。

2. 省级政府部门网站要部署在省级平台。地市级和县级政府门户网站、地市级政府部门网站、实行双重管理部门的网站，要部署在省级平台或经批准建设的地市级平台。

实行全系统垂直管理部门的网站，按照国务院有关部门要求部署在相应平台。已开设的国务院部门内设机构网站要集约至国务院部门集约化平台。

其他经批准开设的政府网站要部署在对应的省部级平台或经批准建设的地市级平台。

3. 集约化平台的管理部门和平台上政府网站的主办、承办单位要结合实际情况协商确定各自职责。原则上，各政府网站主办、承办单位负责本网站的栏目策划、内容保障等工作，并自行安排有关经费。集约化平台的管理部门要做好技术支撑和安全保障工作。如已建设的集约化平台无法满足有关政府网站个性化需求，集约化平台的管理部门应与各主办、承办单位沟通协商，积极配合并及时响应。

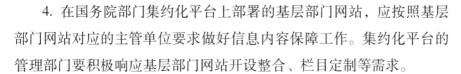

4. 在国务院部门集约化平台上部署的基层部门网站，应按照基层部门网站对应的主管单位要求做好信息内容保障工作。集约化平台的管理部门要积极响应基层部门网站开设整合、栏目定制等需求。

（二）平台功能和安全防护。

1. 集约化平台要向平台上的政府网站提供以下功能：站点管理、栏目管理、资源管理、权限管理；内容发布、领导信箱、征集调查、在线访谈；站内搜索、评价监督；用户注册、统一身份认证；个性定制、内容推送、运维监控、统计分析、安全防护等。同时，要具备与政务公开、政务服务、电子证照库等系统和数据库对接融合的扩展性。可使用CDN（内容分发网络）等技术，提升访问请求的处理效率和响应速度。

2. 集约化平台要充分利用云计算、大数据等相关技术，满足本地区、本部门、本系统政府网站的建设需求，可依托符合安全要求的第三方云平台开展建设。要加强对集约化平台的日常管理和考核监督，确保安全稳定运行。

（三）共享共用信息资源。

1. 构建分类科学、集中规范、共享共用的全平台统一信息资源库，按照"先入库，后使用"原则，对来自平台上各政府网站的信息资源统一管理，实现统一分类、统一元数据、统一数据格式、统一调用、统一监管。

2. 基于信息资源库、电子证照库和统一身份认证系统，从用户需求出发，推动全平台跨网站、跨系统、跨层级的资源相互调用和信息共享互认。

3. 乡镇、街道和县级政府部门的信息、服务和互动资源原则上要无缝融入县级政府门户网站各相关栏目，由县级政府门户网站统一展现，实现信息、服务和互动资源的集中与共享。省级、地市级政府部门网站集约至统一平台后，信息资源要纳入统一的信息资源库共享管理，同时可按部门网站形式展现，保留相对独立的页面和栏目。实行全系统垂直管理部门的网站，信息资源原则上由国务院有关部门统一管理。

六、创新发展

（一）个性化服务。

以用户为中心，打造个人和企业专属主页，提供个性化、便捷化、智能化服务，实现"千人千网"，为个人和企业"记录一生，管理一生，服务一生"。根据用户群体特点和需求，提供多语言服务。围绕残疾人、老年人等特殊群体获取网站信息的需求，不断提升信息无障碍水平。

优化政府网站搜索功能，提供错别字自动纠正、关键词推荐、拼音转化搜索和通俗语言搜索等功能。根据用户真实需求调整搜索结果排序，提供多维度分类展现，聚合相关信息和服务，实现"搜索即服务"。

通过自然语言处理等相关技术，自动解答用户咨询，不能答复或答复无法满足需求的可转至人工服务。利用语音、图像、指纹识别等技术，鉴别用户身份，提供快捷注册、登录、支付等功能。

（二）开放式架构。

构建开放式政府网站系统框架，在满足基本要求的基础上，支撑融合新技术、加载新应用、扩展新功能，随技术发展变化持续升级，实现平滑扩充和灵活扩展。

开放网上政务服务接口，引入社会力量，积极利用第三方平台，开展预约查询、证照寄送以及在线支付等服务，创新服务模式，让公众享受更加便捷高效的在线服务。

建立完善公众参与办网机制，鼓励引导群众分享用网体验，开展监督评议，探索网站内容众创，形成共同办网的新局面。

（三）大数据支撑。

对网站用户的基本属性、历史访问页面内容和时间、搜索关键词等行为信息进行大数据分析，研判用户的潜在需求，结合用户定制信息，主动为用户推送关联度高、时效性强的信息或服务。

研究分析网站各栏目更新、浏览、转载、评价以及服务使用等情况，对有关业务部门贯彻落实决策部署，开展信息发布、解读回应、办事服务、互动交流等方面工作情况进行客观量化评价，为改进工作提供建议，为科学决策提供参考。

（四）多渠道拓展。

适应互联网发展变化和公众使用习惯，推进政府网站向移动终端、自助终端、热线电话、政务新媒体等多渠道延伸，为企业和群众提供多样便捷的信息获取和办事渠道。提高政务新媒体内容发布质量，可对来自政府网站的政务信息进行再加工和再创作，通过数字化、图表图解、音频视频等公众喜闻乐见的形式发布。开展响应式设计，自动匹配适应多种终端。建立健全人工在线服务机制，融合已有的服务热线资源，完善知识库，及时响应网民诉求，解答网民疑惑。加强与网络媒体、电视广播、报刊杂志等的合作，通过公共搜索、社交网络等公众常用的平台和渠道，多渠道传播政府网站的声音。开展线上线下协同联动的推广活动，提高政府网站的用户粘性、公众认知度和社会影响力。

七、安全防护

政府网站要根据网络安全法等要求，贯彻落实网络安全等级保护制度，采取必要措施，对攻击、侵入和破坏政府网站的行为以及影响政府网站正常运行的意外事故进行防范，确保网站稳定、可靠、安全运行。在网信、公安等部门的指导下，加强网络安全监测预警技术能力建设。网站安全与网站开设要同步规划、同步建设、同步实施。

（一）技术防护。

1. 政府网站服务器不得放在境外，禁止使用境外机构提供的物理服务器和虚拟主机。优先采购通过安全审查的网络产品和服务。使用的关键设备和安全专用产品要通过安全认证和安全检测。被列为关键信息基础设施的政府网站要在严格执行等级保护制度的基础上，实行重点保护，不得使用未通过安全审查的网络产品和服务。按照要求定期对政府网站开展安全检测评估。

2. 部署必要的安全防护设备，应对病毒感染、恶意攻击、网页篡改和漏洞利用等风险，保障网站安全运行。操作系统、数据库和中间件等软件要遵循最小安装原则，仅安装应用必需的服务和组件，并及时安装安全补丁程序。部署的设备和软件要具备与网站访问需求相匹配的性能。划分网络安全区域，严格设置访问控制策略，建立安全访问路径。

3. 前台发布页面和后台管理系统应分别部署在不同的主机环境中，并设置严格的访问控制策略，防止后台管理系统暴露在互联网中。要对应用软件的代码进行安全分析和测试，识别并及时处理可能存在的恶意代码。对重要数据、敏感数据进行分类管理，做好加密存储和传输。加强后台发布终端的安全管理，定期开展安全检查，防止终端成为后台管理系统的风险入口。

4. 加强用户管理，根据用户类别设置不同安全强度的鉴别机制。禁止使用系统默认或匿名账户，根据实际需要创建必须的管理用户。要采用两种或两种以上组合的鉴别技术，确定管理用户身份。严格设定访问和操作权限，实现系统管理、内容编辑、内容审核等用户的权限分离。要对管理用户的操作行为进行记录。加强网站平台的用户数据安全防护工作。

5. 使用符合国家密码管理政策和标准规范的密码算法和产品，逐步建立基于密码的网络信任、安全支撑和运行监管机制。

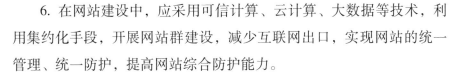

6. 在网站建设中，应采用可信计算、云计算、大数据等技术，利用集约化手段，开展网站群建设，减少互联网出口，实现网站的统一管理、统一防护，提高网站综合防护能力。

（二）监测预警与应急处置。

1. 建立安全监测预警机制，实时监测网站的硬件环境、软件环境、应用系统、网站数据等运行状态以及网站挂马、内容篡改等攻击情况，并对异常情况进行报警和处置。定期对网站应用程序、操作系统及数据库、管理终端进行全面扫描，发现潜在安全风险并及时处置。留存网站运行日志不少于六个月。密切关注网信、电信主管等部门发布的系统漏洞、计算机病毒、网络攻击、网络侵入等预警和通报信息，并及时响应。

2. 建立应急响应机制，制定应急预案并向本地区、本部门政府网站主管单位和网络安全应急主管部门备案，明确应急处置流程，开展应急演练，提高对网络攻击、病毒入侵、系统故障等风险的应急处置能力。发生安全事件时，要立即启动应急预案及时处置，并按照规定向有关管理部门报告。

3. 及时处置假冒政府网站。假冒政府网站是指以虚假政府机构名义、冒用政府或部门名义开办的，以及利用与政府网站相同或相似的标识（名称、域名、徽标等）、内容及功能误导公众的非法网站。对监测发现或网民举报的假冒政府网站，经核实后，相关省（区、市）人民政府办公厅或国务院部门办公厅（室）要及时商请网信部门处理。网信部门协调电信主管、公安等部门积极配合，及时对假冒政府网站的域名解析和互联网接入服务进行处置。公安机关会同有关部门对假冒政府网站开办者等人员依法予以打击处理。

（三）管理要求。

1. 明确政府网站安全责任人，落实安全保护责任。强化安全培训，定期对相关人员进行安全教育、技术培训和技能考核，提高安全意识和

防范水平。对因工作失职导致安全事故的进行责任追究。被列为关键信息基础设施的政府网站，应对关键岗位人员进行安全背景审查。

2. 按照网络安全法等法律法规和政策标准要求，制定完善安全管理制度和操作规程，做好网站安全定级、备案、检测评估、整改和检查工作，提高网站防篡改、防病毒、防攻击、防瘫痪、防劫持、防泄密能力。

3. 建立政府网站信息数据安全保护制度，收集、使用用户信息数据应当遵循合法、正当、必要的原则。政府网站对存储的信息数据要严格管理，通过磁盘阵列、网页加速服务等方式定期、全面备份网站数据，提升容灾备份能力；利用对称、非对称的加密技术，对网站数据进行双重加密；通过设置专用加密通道，严格控制数据访问权限，确保安全，防止数据泄露、毁损、丢失。

八、机制保障

（一）监管机制。

1. 常态化监管。各地区、各部门要至少每季度对本地区、本部门政府网站信息内容开展一次巡查抽检，抽查比例不得低于30%，每次抽查结束后要及时在门户网站公开检查情况。对问题严重的要进行通报并约谈有关责任人。安排专人每天及时处理网民纠错意见，在1个工作日内转有关网站主办单位处理，在3个工作日内答复网民。除反映情况不属实等特殊情况外，所有留言办理情况均要公开。定期组织对政府网站安全管理和技术防护措施进行检查。编制政府网站监管年度报表，每年1月31日前向社会公开。

2. 考核评价。制定政府网站考评办法，把考评结果纳入政府年度绩效考核，列入重点督查事项。完善奖惩问责机制，对考评优秀的网站，要推广先进经验，并给予相关单位和人员表扬和奖励。对存在问题较多的网站，要通报相关主管、主办单位和有关负责人。对因网站出现问题造成严重后果的，要对分管领导和有关责任人进行严肃问责。

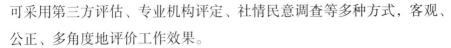

可采用第三方评估、专业机构评定、社情民意调查等多种方式，客观、公正、多角度地评价工作效果。

3. 人员培训。将政府网站工作纳入干部教育培训体系，定期组织开展培训，把提升网上履职能力作为培训的重要内容，不断提高机关工作人员知网、懂网、用网的意识和水平。加强专业人才培养，建设一支具备信息采集、选题策划、编辑加工、大数据分析和安全保障等综合能力，熟悉政务工作和互联网传播规律，具有高度政治责任感和工作担当的专业化队伍。积极开展试点示范，树立标杆典型，建立交流平台，加强业务研讨，分享经验做法，共同提高管网、建网、办网的能力。

（二）运维机制。

1. 专人负责制度。指定专人对政府网站信息内容和安全运行负总责。明确栏目责任人，负责栏目的选题策划、信息编发和内容质量等。严格审校流程，确保信息内容与业务部门提供的原稿一致，发现原稿有问题要及时沟通。转载使用其他非政府网站信息的，要加强内容审核和保密审查。

2. 值班读网制度。建立 24 小时值班制度，及时处理突发事件，编辑、审核和发布相关稿件。设立质量管理岗位，加强日常监测，通过机器扫描、人工检查等方法，对政府网站的整体运行情况、链接可用情况、栏目更新情况、信息内容质量等进行日常巡检，每日浏览网站内容，特别要认真审看新发布的稿件信息，及时发现问题、纠正错漏并做好记录。

3. 资源管理机制。网站栏目主编根据权限从信息资源库调取资源，配置完善栏目。资源库管理团队要做好入库资源的管理，详细记录资源使用情况，并进行挖掘分析，提出栏目优化和新应用开发的建议。

4. 预算及项目管理制度。统筹考虑并科学核定内容保障和运行维护经费需要，把政府网站经费足额纳入部门预算，制定经费管理办法

并加强管理。建立项目管理制度，规范做好项目立项、招投标和验收等工作，管理好项目需求、进度、质量和文档等。规范和加强采购管理，严格遵守政府采购制度规定和流程规范，凡属于政府采购范围的，必须按照国家法律法规执行，做到"应采尽采"。对外包的业务和事项，严格审查服务单位的业务能力、资质和管理制度，细化明确外包服务的人员、内容、质量和工作信息保护等要求，确保人员到位、服务到位、安全到位。

5. 年报制度。要编制政府网站年度工作报表，内容主要包括年度信息发布总数和各栏目发布数、用户总访问量、服务事项数和受理量、网民留言办理情况，以及平台建设、开设专题、新媒体传播、创新发展和机制保障等情况，确保数据真实、准确、完整，于每年 1 月 31 日前向社会公开。

（三）沟通协调。

1. 国务院办公厅建立与中央宣传部、中央网信办、中央编办、工业和信息化部、公安部的协同工作机制，县级以上地方人民政府办公厅（室）建立与本级宣传、网信、编制、电信主管和公安部门的协同机制，做好政府网站重大事项沟通交流、信息共享公示和问题处置等工作。

2. 各地区、各部门办公厅（室）要与宣传、网信部门建立政务舆情回应协同机制，及时通过政府网站、新闻媒体和网络媒体等发布回应信息，并同步向政务微博、微信等政务新媒体推送，扩大权威信息传播范围。政府网站要建立与新闻宣传部门及主要媒体的沟通协调机制，共同做好政策解读、热点回应和网站传播等工作。

（四）协同联动。

1. 建立政府网站间协同联动机制，畅通沟通渠道。对上级政府网站和本级政府门户网站发布的重要政策信息，应在 12 小时内转载；需上级政府网站或本级政府门户网站发布的重要信息，应及时报送并协商发布，共同打造整体联动、同步发声的政府网站体系。

2. 国务院通过中国政府网、国务院客户端发布的对全局工作有指导意义、需要社会广泛知晓的重要政策信息，国务院各部门网站和地方各级政府网站及其政务新媒体要及时充分转载；涉及某个行业或地区的政策信息，有关部门和地方网站应及时转载。

3. 鼓励国务院各部门和省级政府入驻国务院客户端，及时发布国务院重要决策部署落实情况等，并提供办事服务。

附件

网页设计规范

一、展现布局

（一）展现。

1. 政府网站应简洁明了，清新大气，保持统一风格，符合万维网联盟（W3C）的相关标准规范要求。

2. 政府网站应确定 1 种主色调，合理搭配辅色调，总色调不宜超过 3 种。使用符合用户习惯的标准字体和字号，同一类别的栏目和信息使用同一模板，统一字体、字号、行间距和布局等。

3. 按照适配常用分辨率的规格设计页面，首页不宜过长。在主流计算机配置和当地平均网速条件下，页面加载时长不宜超过 3 秒。

4. 对主流类别及常用版本浏览器具有较好的兼容性，页面保持整齐不变形，不出现文字错行、表格错位、功能和控件不可用等情况。

5. 网站内容要清晰显示发布时间，时间格式为 YYYY—MM—DD HH：MM。文章页需标明信息来源，具备转载分享功能。

6. 页面中的图片和视频应匹配信息内容，确保加载速度，避免出现图片不显示、视频无法播放等情况。避免使用可能存在潜在版权纠纷或争议的图片和视频。

（二）布局。

1. 政府网站页面布局要科学合理、层次分明、重点突出，一般分

为头部标识区、中部内容区和底部功能区。

2. 头部标识区要醒目展示网站名称，可根据实际情况展示中英文域名、徽标(Logo)以及多语言版、搜索等入口，有多个域名的显示主域名。

3. 中部内容区要遵循"从左到右、从上到下"的阅读习惯，科学合理设置布局架构。

4. 底部功能区至少要列明党政机关网站标识、"我为政府网站找错"监督举报平台入口、网站标识码、网站主办单位及联系方式、ICP备案编号、公安机关备案标识和站点地图等内容。

5. 政府网站各页面的头部标识区和底部功能区原则上要与首页保持一致。

（三）栏目。

1. 栏目是相对独立的内容单元，通常为一组信息或功能的组合，按照信息类别、特定主题等维度进行编排并集中展现。

2. 栏目设置要科学合理，充分体现政府工作职能，避免开设与履职行为、公众需求相关度不高的栏目。政府门户网站和部门网站应设置机构职能、负责人信息、政策文件、解读回应、工作动态、互动交流类栏目。

3. 栏目名称应准确直观、不宜过长，能够清晰体现栏目内容或功能。

4. 栏目内容较多时，可设置子栏目。栏目页要优先展现最新更新的信息内容。

5. 做好各栏目的内容更新、访问统计和日常核查，对无法保障、访问量低的栏目进行优化调整或关停并转。杜绝出现空白栏目，暂不能正常保障的栏目不得在页面显示，不得以"正在建设中"、"正在改版中"、"正在升级中"等理由保留空白栏目。

（四）频道。

频道是围绕特定主题的重要栏目或内容的组合，一般设置在中部

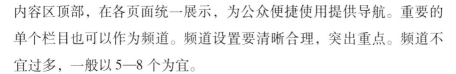

内容区顶部，在各页面统一展示，为公众便捷使用提供导航。重要的单个栏目也可以作为频道。频道设置要清晰合理，突出重点。频道不宜过多，一般以5—8个为宜。

（五）专题。

1. 专题是围绕专项工作开设的特定栏目，集中展现有关工作内容。一般具有主题性、阶段性和时效性等特点。

2. 专题一般以图片标题等形式在首页显著位置设置链接入口。专题较多时，要设置专门的专题区。

3. 专项工作结束时，相关专题要从首页显著位置撤下并标注归档标识，集中保留至专题区，便于公众查看使用。

4. 专题的页面风格原则上应与网站整体风格一致，具体页面展现可根据需要灵活设计。

二、地址链接

（一）内部链接。

政府网站要建立统一资源定位符（URL）设定规则，为本网站的页面、图片、附件等生成唯一的内部地址。内部地址应清晰有效，体现内容分类和访问路径的逻辑性，便于用户识别。除网站迁移外，网站各类资源的URL原则上要保持不变，避免信息内容不可用。

（二）外部链接。

政府网站所使用的其他网站域名或资源地址，称为该网站的外部链接。使用外部链接应经本网站主办单位或承办单位负责人审核。原则上不得链接商业网站。

（三）链接管理。

政府网站应建立链接地址的监测巡检机制，确保所有链接有效可用，及时清除不可访问的链接地址，避免产生"错链"、"断链"。对于外部链接要严格审查发布流程，不得引用与所在页面主题无关的内容。严格对非政府网站链接的管理，确需引用非政府网站资源链接的，要

加强对相关页面内容的实时监测和管理，杜绝因其内容不合法、不权威、不真实客观、不准确实用等造成不良影响。打开非政府网站链接时，应有提示信息。网站所有的外部链接需在页面上显示，避免出现"暗链"，造成安全隐患。

三、网页标签

网页标签是指网页模版中对有关展现内容进行标记而设置的标签，通常包括网站标签、栏目标签、内容页标签等。政府网站要在页面源代码"〈head〉…〈/head〉"中以 meta 标签的形式，对网站名称、政府网站标识码、栏目类别等关键要素进行标记，标签值不能为空。

政府网站要在所有页面中设置相关标签。栏目页要设置网站标签和栏目标签。内容页要在设置内容页标签的同时，设置网站标签以及栏目标签中的"栏目名称"和"栏目类别"标签。

（一）网站标签。

规范名称	标签名称	是否多值	设置要求	赋值内容
网站名称	SiteName	否	必选	政府网站的规范名称
网站域名	SiteDomain	是	必选	政府网站的英文域名
政府网站标识码	SiteIDCode	否	必选	政府网站合法身份的标识

示例如下：

```
〈head〉
…
〈meta name = "SiteName" content = "中国政府网"〉
〈meta name = "SiteDomain" content = "www. gov. cn"〉
〈meta name = "SiteIDCode" content = "bm01000001"〉
…
〈/head〉
```

（二）栏目标签。

规范名称	标签名称	是否多值	设置要求	赋值内容
栏目名称	ColumnName	否	必选	政府网站具体栏目的名称
栏目描述	ColumnDescription	是	必选	反映栏目设置目的、主要内容的说明
栏目关键词	ColumnKeywords	是	必选	反映栏目内容特点的词语
栏目类别	ColumnType	是	必选	首页
				概况信息
				机构职能
				负责人信息
				工作动态
				政策文件
				信息公开指南
				信息公开目录
				信息公开年报
				依申请公开
				数据发布
				数据开放
				政策解读
				回应关切
				办事服务
				咨询投诉
				征集调查
				在线访谈
				……

示例如下：

```
〈head〉
…
〈meta name＝"SiteName" content＝"中国政府网"〉
```

```
〈meta name = "SiteDomain" content = "www. gov. cn"〉
〈meta name = "SiteIDCode" content = "bm01000001"〉
〈meta name = "ColumnName" content = "政策"〉
〈meta name = "ColumnDescription" content = "中国政府网政策栏目发布中央和
地方政府制定的法规，政策文件，中共中央有关文件，国务院公报，政府白皮书，
政府信息公开，政策解读等。提供法律法规和已发布的文件的查询功能"〉
〈meta name = "ColumnKeywords" content = "国务院文件，行政法规，部门规章，
中央文件，政府白皮书，国务院公报，政策专辑"〉
〈meta name = "ColumnType" content = "政策文件"〉
…
〈/head〉
```

（三）内容页面标签。

规范名称	标签名称	是否多值	设置要求	赋值内容
标题	ArticleTitle	否	必选	具体内容信息的标题
发布时间	PubDate	否	必选	内容信息的发布时间，格式为 YYYY—MM—DD HH：MM
来源	ContentSource	否	必选	文章的发布单位或转载来源
关键词	Keywords	否	可选	反映文章信息内容特点的词语
作者	Author	否	可选	文章的作者或责任编辑
摘要	Description	否	可选	内容信息的内容概要
图片	Image	否	可选	正文中图片 URL
网址	Url	否	可选	文章的 URL 地址

示例如下：

```
〈head〉
…
〈meta name = "SiteName" content = "中国政府网"〉
〈meta name = "SiteDomain" content = "www. gov. cn"〉
〈meta name = "SiteIDCode" content = "bm01000001"〉
〈meta name = "ColumnName" content = "要闻"〉
〈meta name = "ColumnType" content = "工作动态"〉
```

```
〈meta name＝"ArticleTitle"content＝"今天的国务院常务会议定了这3件大
事"〉
〈meta name＝"PubDate"content＝"2017—04—12 21：37"〉
〈meta name＝"ContentSource"content＝"中国政府网"〉
〈meta name＝"Keywords"content＝"国务院常务会，医疗联合体，中小学，幼
儿园，安全风险防控，统计法"〉
〈meta name＝"Author"content＝"陆茜"〉
〈meta name＝"Description"content＝"部署推进医疗联合体建设，部署加强中
小学幼儿园安全风险防控体系建设，通过《中华人民共和国统计法实施条例（草
案）》。4月12日的国务院常务会定了这3件大事，会上，李克强总理对这些工作
作出了哪些部署？"〉
〈meta name＝"Url"
content＝"www. gov. cn/xinwen/2017—04/12/content_ 5185257. htm"〉
…
〈/head〉
```

四、其他

政府网站要方便公众浏览使用，页面内容要便于复制、保存和打印。要最大限度减少用户额外安装组件、控件或插件；确需使用的，要便于在相关页面获取和安装。应用系统、附件、视频等应有效可用，名称要直观准确。附件、视频等格式应便于常用软件打开，避免用户额外安装软件。避免使用悬浮、闪烁等方式，确需使用悬浮框的必须具备关闭功能。

政府网站严禁刊登商业广告或链接商业广告页面。政府网站主办、承办单位要根据用户的访问和使用情况，对网站展现进行常态化优化调整。

参考文献

国家林业局信息化管理办公室．2014 年全国林业网站绩效评估报告．2014.

国家林业局．中国的绿色增长：党的十六大以来中国林业的发展［M］．北京：中国林业出版社．

李世东．把握互联网时代，拓展互联网思维［EB/OL］．2015-1-20．中国林业网 www. forestry. gov. cn.

李世东．打造智慧林业门户，服务生态文明建设［J］．信息化建设，2014(10)．

李世东．大数据时代中国智慧林业门户网站建设［J］．电子政务，2014(3)．

李世东，等．中国林业网——智慧化与国际化之路［M］．北京：中国林业出版社．2015.

李世东．共建林业网站群，共圆美丽中国梦［EB/OL］．中国林业网 www. forestry. gov. cn, 2013 年 3 月 18 日．

李世东．加快信息进程，服务生态民生，建设生态文明［EB/OL］．中国林业网 www. forestry. gov. cn, 2013 年 1 月 17 日．

李世东．建设政府网站，打造电子政府［EB/OL］．中国林业网 www. forestry. gov. cn, 2011 年 11 月 29 日．

李世东．论第六次信息革命［J］．中国新通信，2014(14)．

李世东．论政府网站的集约化管理——中国林业网的创新与发展［J］．电子政务，2013(1)．

李世东．人类正迈入"六个第一"的信息时代［N］．学习时报，2014(756)．

李世东．融合与创新［EB/OL］．中国林业网 www. forestry. gov. cn, 2012 年 8 月 3 日．

李世东．融入国际主流，打造智慧网站［EB/OL］．中国林业网 www. forestry. gov. cn, 2014-11.

李世东．完善林业站群，构建智慧门户［EB/OL］．中国林业网 www. forestry. gov. cn, 2013 年 11 月 8 日．

李世东．我们有一个梦想［EB/OL］．中国林业网 www. forestry. gov. cn, 2012 年 1 月 10 日．

李世东．中国林业信息化标准规范［M］．北京：中国林业出版社，2014.

李世东．中国林业信息化顶层设计［M］．北京：中国林业出版社，2012.

李世东．中国林业信息化发展战略［M］．北京：中国林业出版社，2012.

李世东．中国林业信息化绩效评估［M］．北京：中国林业出版社，2014.

李世东．中国林业信息化建设成果［M］．北京：中国林业出版社，2012.

李世东．中国林业信息化决策部署［M］．北京：中国林业出版社，2012.

李世东．中国林业信息化示范案例［M］．北京：中国林业出版社，2012.

李世东．中国林业信息化示范建设［M］．北京：中国林业出版社，2014.

李世东．中国林业信息化政策解读［M］．北京：中国林业出版社，2014.

李世东．中国林业信息化政策研究［M］．北京：中国林业出版社，2014.

李世东．中国林业信息化政策制度［M］．北京：中国林业出版社，2012.

李世东．着力管理创新，提升网站水平，推动林业发展［EB/OL］．中国林业网
www. forestry. gov. cn，2012 年 4 月 18 日．

李志更，秦浩．2011．政府网站构建与维护［M］．北京：中国人事出版社．

联合国经济和社会事务部．联合国 2012 年电子政务调查报告．联合国经济和社会事
务部网站 www. un. org/desa，2012.

联合国经济和社会事务部．联合国 2014 年电子政务调查报告．联合国经济和社会事
务部网站 www. un. org/desa，2014.

林欣平．没有林业信息化 就没有林业现代化［EB/OL］．中国林业网 www. forest-
ry. gov. cn，2014 年 9 月 12 日．

刘熙瑞．服务型政府——经济全球化背景下中国政府改革的目标选择［J］．中国行政
管理，2002，（7）．

刘旭涛．政府绩效管理：制度、战略与方法［M］．北京：机械工业出版社，2005.

栾凤廷．西方国家公共部门实施绩效管理的制度基础［J］．行政论坛，2004(4)．

罗堃．浅论政府绩效评估［C］．中国行政管理学会年会暨"政府行政能力建设与构建
和谐社会"研讨会，2005.

罗纳德·桑德斯．美国的公务员队伍：是改革还是转型［M］．北京：国家行政学院出
版社，1998.

马克·波波维奇．创建高绩效政府组织［M］．北京：中国民大学出版社，2002.

人民网．《2013 年度新浪政务微博报告》今日发布［ER/OL］．人民网 www. people. cn，

2013 年 12 月.

孙扎根. 全面提升林业信息化水平,为发展生态林业民生林业做出新贡献[EB/OL]. 中国林业网 www. forestry. gov. cn,2013 年 9 月 10 日.

王璟璇,杨道玲. 基于用户体验的政府网站绩效评估:探索与实践[J]. 电子政务, 2014(5).

易北辰. 移动互联网时代[M]. 北京:企业管理出版社,2014.

于施洋,王建冬. 政府网站分析进入大数据时代[J]. 电子政务,2013(8).

于施洋,王建冬. 政府网站分析与优化——大数据创造公共价值[M]. 北京:社会科学文献出版社,2014.

于施洋,王璟璇. 电子政务顶层设计——信息化条件下的政府业务规划[M]. 北京: 社会科学文献出版社,2014.

于施洋,杨道玲. 电子政务绩效管理[M]. 北京:社会科学文献出版社,2011.

张成福,党秀云. 公共管理学[M]. 北京:中国人民大学出版社,2001.

张勇进. 电子政务需求识别[M]. 北京:国家行政学院出版社,2012.

张勇进,杨道玲. 基于用户体验的政府网站优化:精准识别用户需求[J]. 电子政务, 2012(8).

赵树丛. 全面开创现代林业发展新局面:全国林业发展"十二五"规划汇编[M]. 北京:中国林业出版社,2012.

中国电子信息产业发展研究院. 2014 年中国信息化发展水平评估报告. 赛迪网 www. ccidgroup. com,2015 年 1 月.

中国互联网络信息中心. 中国互联网络发展状况统计报告. 中国互联网络信息中心网站 www. cnnic. cn,2015 年 1 月.

中国互联网络信息中心. 中国社交类应用用户行为研究报告. 中国互联网络信息中心网站 www. cnnic. cn,2014 年 7 月.

中国互联网络信息中心. 中国移动互联网调查报告. 中国互联网络信息中心网站 www. cnnic. cn,2014 年 8 月.

《中国林业信息化发展报告》编纂委员会. 2010 中国林业信息化发展报告[M]. 北京:中国林业出版社,2010.

《中国林业信息化发展报告》编纂委员会. 2011 中国林业信息化发展报告[M]. 北京:中国林业出版社,2011.

《中国林业信息化发展报告》编纂委员会. 2012 中国林业信息化发展报告［M］. 北京：
　　中国林业出版社, 2012.

《中国林业信息化发展报告》编纂委员会. 2013 中国林业信息化发展报告［M］. 北京：
　　中国林业出版社, 2013.

《中国林业信息化发展报告》编纂委员会. 2014 中国林业信息化发展报告［M］. 北京：
　　中国林业出版社, 2014.

《中国林业信息化发展报告》编纂委员会. 2015 中国林业信息化发展报告［M］. 北京：
　　中国林业出版社, 2015.

《中国林业信息化发展报告》编纂委员会. 2016 中国林业信息化发展报告［M］. 北京：
　　中国林业出版社, 2016.

中国软件评测中心. 2014 年中国政府网站绩效评估总报告. 中国评测网
　　www. cstc. org. cn, 2014 年 12 月.

中国软件评测中心. 2015 年中国政府网站绩效评估总报告. 中国评测网
　　www. cstc. org. cn, 2015 年 12 月.